Basket Bags with Natural fiber

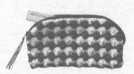

Basket Bags with Natural fiber

Basket Bags with Natural fiber

 Basket Bags with Natural fiber

馬歇爾包、手拿包、口金包等……款式豐富‧經久洗練的大人風鉤織手袋

‧‧‧

自然好氣質
麻&天然素材手織包

自然好氣質
麻&天然素材手織包

Contents

Message

· · · · · · · · · ·

一到打扮清爽的季節，
就想帶著自然感的包包出門。
輕快百搭的托特包、馬歇爾包，
方便使用的2way包，
適合搭配心愛服飾
時髦亮眼的手拿包。
正因為想要的款式千百種，
若能靠自己的雙手
一個一個的鉤織完成，
想必是一件非常美好的事。

「好想鉤織包包喔！」
為了滿足這樣的想法，
廣泛集結洋溢大人風格的包款。
使用材料皆是質樸的麻線
與觸感清爽舒適的天然素材。
成品的使用感非常舒心。

雖然會為了決定顏色或形狀而傷腦筋，
然而鉤織期間卻是樂趣無窮；
完成作品聽到讚美時，
更是開心不已。

首先就由心儀的款式開始，
以不急不徐的從容心情輕鬆鉤織吧！

2way馬歇爾包

以麻線鉤織短針完成的簡單包包，
利用皮革提把作為裝飾重點。
將兩脇邊的綁帶打結，就能改變包包輪廓。

Design > 青木惠理子　Yarn > KOKUYO 麻線
How to make > P.42

A

拉起綁帶在中央打結，
兩側自然形成褶襴，
展現渾圓可愛的模樣。

大大的袋口
可以輕鬆取放物品。
短暫外出時，
使用方便的尺寸。

支架口金手提包

直接以支架口金為提把的雙色手提包。
典雅的紅色好搭又大方，
俐落的輪廓造型更顯魅力。

Design > 越膳夕香　Yarn > DARUMA 麻線
Point Lesson > P.36　How to make > P.44

B

灰褐色的長方形袋底。

內側縫製了小口袋，
使用更方便。

口金袋口可以完全打開。
收納空間非常充足。

單色調托特包

休閒托特包風格的提袋。
袋身上延續至提把的黑色線條，
形成了簡潔俐落的織入圖案。
是每天都想使用的基本型包款。

Design > 青木惠理子　Yarn > Hamanaka Comacoma
How to make > P.46

D

褶襉包

將鉤織好的方形織片抓褶，
形成圓滾滾的可愛輪廓。
容量大，可以隨心所欲裝入任何東西。
以交叉針鉤織花樣增添變化。

Design > 釣谷京子（buono buono）
Yarn > Hamanaka Eco Andaria
How to make > P.48

網格購物袋

以鎖針鉤織的輕便網格袋，
無論購物使用或收納攜帶都很方便。
以較無彈性的和紙材質織線，
完成堅固耐用的網格。

Design > 野口智子
Yarn > DARUMA SASAWASHI
How to make > P.63

質地輕盈且體積小，方便攜帶的特性十分適合當作環保購物袋。 以6條鎖針繩構成的提把，堅固耐用。

平織提把兩用包......

優雅大方的黑色2way包。
散發自然光澤的高雅織片，
因短針的花樣編呈現出獨特的變化。
側背帶可取下，改為手提包使用。

Design > Ronique（ロニーク）
Yarn > DARUMA SASAWASHI
How to make > P.50

F

沿著包包邊緣
橫向縫製的提把。
以微妙的角度差異，
構成簡約洗練的造型。

只要於袋口直線縫上布料，
就能遮蓋包包裡的物品，
完成猶如束口袋模樣的手提包。

3way手拿包

基本上是兩摺式的手拿包。
由兩色織線混織而成的本體，
呈現出獨有的紋路變化。
需要放入大量物品時，
只要收緊織帶就方便背提。

Design > 越膳夕香
Yarn > Hamanaka Eco Andaria 《Crochet》
How to make > P.52

G

將袋口的織帶往一處收緊，就成了肩背包。　　　　　　　　往兩處收緊就成為手提包。 外口袋也是設計重點之一。

花樣織片祖母包

將方形花樣織片斜向並排，
接縫成這款祖母包。
以不同顏色的花朵模樣，
構成色彩繽紛的包包樣式。

Design > サイチカ　*Yarn* > DARUMA GIMA
How to make > P.56

蕾絲飾蓋提籃包

以清新素雅的蕾絲織片
作為袋蓋的單提把手提包。
不僅適合柔美的女孩風穿著，
也可為休閒風的裝扮
增添幾分甜美氣息。

Design > おのゆうこ（ucono）
Yarn > Hamanaka Eco Andaria、Flax K
How to make > P.54

木製口金兩用包

結合天然麻線
以及具有光澤感的棉線，
合併混織出優雅大方的質感。
木製口金的鮮明存在，
讓包包更具新鮮感。

Design > 渡部まみ（short finger）
Yarn > Hamanaka Comacoma、APRICO
Point Lesson > P.39 How to make > P.58

以交叉鉤織的變形玉針，
組合成份量十足的花樣編。
活動式的肩背錬使用問號鉤連結，
取下就能變成手拿包。

馬歇爾包

每個人都想擁有的基本款短針編織包。
由圓形袋底開始鉤織而成的簡單造型，
無論提著、擺著都能構成一幅畫。
使用鮮豔或明亮色彩也很漂亮，
所以就選擇自己喜愛的織線鉤織吧！

Design > いとうみなこ
Yarn > Hamanaka Eco Andaria
How to make > P.60

K

肩背包

側背或斜背皆可。
是一款造型活潑可愛，
又方便外出使用的單背帶包款。
以表引長針的花樣增添風情。

Design > いとうみなこ
Yarn > DARUMA Wool Jute
How to make > P.64

L

m

水桶包

可肩背的水桶包。
為了避免外型太過單調，
將配色的交接處織成Z字形，
成為吸睛的亮點。

Design > 野口智子
Making > 池上 舞　Yarn > DARUMA 麻線
How to make > P.66

另一款北歐風格的配色，作為居家收納也很好用。

n

拉鍊波奇包

以粗蕾絲線鉤織而成的手拿包。
每2段構成一組圓形花樣。
依喜好改變其中一列色彩也很有趣。
拉鍊加了穗飾，整體更顯活潑。

Design > サイチカ　Yarn > DARUMA 鴨川#18
How to make > P.68

織成圓筒狀的提把，
利用反摺的兩端安裝C圈，作為連結。

Q

橫紋口金側背包

恰如其分的存在感十分討喜，
經典造型的口金包。
色彩豐富多元的橫條紋，
藉由不規則寬度更顯活潑。
是一款令人想要列入穿搭選項的
美麗包包。

Design > 越膳夕香
Yarn > DARUMA Hemp String
Point Lesson > P.37　How to make > P.70

刺繡波奇包

以匈牙利卡羅查風的刺繡作為裝飾，
完成甜美可愛的拉鍊式波奇包。
花瓣與葉片的部分夾入不織布，
形成蓬鬆的立體模樣。

Design > すぎやまとも
Yarn > Hamanaka Eco Andaria
How to make > P.72

R

圓形束口包

袋口織入蕾絲般的花樣，
讓束口包充滿女性特有的細膩變化。
收緊穿入鏤空花樣間的細繩，
就能隱蔽放入包包的物品。

Design > おのゆうこ（ucono）
Yarn > DARUMA SASAWASHI、Hemp String
How to make > P.74

平織毯幾何圖案手拿包

搭配色彩柔美的藍色系織線，
鉤織令人眼睛為之一亮的平織地毯圖案，
完成時尚且男女皆宜的手拿包。
於拉鍊裝飾份量十足的穗飾，增添亮點。

Design > すぎやまとも
Yarn > DARUMA Wool Jute
How to make > P.77

竹節手提包

一款充滿大人風情的亮色托特包。
以短針包覆芯線鉤織,
完成扎實又耐用的包包。
以捲針縫一針一針接縫的竹節提把,
亦成了設計重點。

Design > すぎやまとも
Yarn > Hamanaka Eco Andaria、鉤織專用包芯線
Point Lesson > P.38　How to make > P.78

圓筒包

小巧的休閒款圓筒包。
以深色的靛藍為主，
勾勒出線條分明的效果。
刻意降低甜美感的設計風格，
就算是較豪邁的中性風格也適合。

Design > 釣谷京子（buono buono）
Yarn > Hamanaka Comacoma
How to make > P.80

活動口袋包

可隨意拆裝的小包，
能夠非常方便的作為口袋使用。
以長針與玉針鉤織的花樣優雅又大方。
本體單用時尚，
作為裝飾更是視覺焦點。

Design > おのゆうこ（ucono）
Yarn > Hamanaka Flax K
How to make > P.76

貼身水筒包

水滴形的貼身包，
宛如後背包的背法非常方便。
特別設計的寬版單背帶，
即使是騎乘單車之類的狀態下，
依然服貼不滑落。

Design > 渡部まみ（short finger）
Yarn > Hamanaka Comacoma、APRICO
How to make > P.82

只需調節背帶的長度就能變成肩背包。
白色至紅色的漸層色彩也很美麗，讓這可愛的背影深深吸引他人目光。

一年四季都可使用！
提升溫暖感的混搭技巧
••••
Bag arrange for winter

麻線＋毛海編織包
••••••••••••••••••••••
將麻線與毛海一起混織，
就能完成適合冬季的外出包。
織法同P.8的單色調手提包。
繫上蓬鬆柔軟的大絨球更添可愛。

Design > 青木惠理子
Yarn > Hamanaka Comacoma、Alpaca Mohair Fine
How to make > P.46

Z

羊毛裝飾套

以溫暖的羊毛
裝飾拉菲草風格的自然質感包。
在P.20的馬歇爾包
套上圓潤玉針的羊毛裝飾套。
即使在寒冷季節提用也OK！

Design > いとうみなこ
Yarn > Hamanaka Sonomono Alpaca Wool《並太》、
Sonomono Loop
How to make > P.62

只需筆直的進行輪編就能完成裝飾套。

將對摺處的開口套在提把上即可。

Point lesson

這裡彙整了書中作品採用的3種口金組裝方法。 請參照圖示步驟,
掌握漂亮組裝口金的訣竅吧! 本單元將一併介紹專用包芯繩的鉤織技巧。

支架口金組裝方法
（作品 > P.6、 How to make > P.44）

輕盈但存在感十足的彈簧式口金。 乍看之下有點難的安裝方法,其
實只要將鋁管分別穿過織片邊緣就OK了。 示範作品是直接將口金當
作提把使用的形式,僅鉤織袋身織片。

支架口金
固定兩側彈簧的插銷為手擰式螺絲,因此
不必使用工具就能輕鬆組裝。 圖為冂字形
鋁管支架口金 24cm／角田商店。

1
依織圖完成織片。袋口(灰褐色部
分)往內側對摺進行捲針縫,縫成筒
狀。此為口金穿入之處。

2
拆下口金兩端固定的螺絲。

3
分別將兩支口金接合的部位(僅單
側)以紙張捲起包覆。
※避免穿入口金時鉤到織片。

4
以直尺等物撐開織片上的提把孔洞,
讓支架口金較容易穿入。

5
將步驟**3**的口金穿入。

6
口金穿至一半的狀態。 穿至轉角部
位時較容易鉤到織片,請耐心地慢慢
穿入。

7
單側完全穿好的模樣。

8
另一側也穿好口金的模樣。

9
螺絲
螺母
對齊口金接合部位,以螺絲固定。
先插入較長的螺絲,再擰緊較短的螺
母。 另一側以相同作法固定。

10
闔上提把即完成。

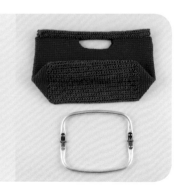

口金的尺寸
選擇口金尺寸的大致基準
為「(袋底周長÷2)-約
1.5cm」。減去的長度是為了
預留口金兩側接合部位的活動
空間。若使用其他尺寸的口金
時,請參考此計算公式,配合
織片的尺寸進行選擇。

手縫式口金組裝方法

（作品 > P.24、How to make > P.70）

外形可愛、啪地一聲就能闔上的珠釦口金，是好用又常見的口金類型。組裝重點在於將織片平均縫於口金上。示範作品是將織片縫於口金外側，隱藏縫孔，呈現簡潔俐落的模樣。

1

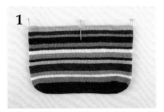

包包本體織片完成後，以立起針為脇邊，將袋口針目分為四等分，並且分別在兩脇邊與中央作記號。
※使用珠針、段數環或線段等皆可。

2

打開口金，對齊織片袋口。

3

將織片疊放於口金外側，接著將口金兩側與中央對齊步驟1的記號處，以洗衣夾等固定。

4

為了避免織片線材在縫製時因摩擦而斷裂，先將麻線過蠟。
※建議使用縫紉用蠟，與韌性較強的皮革工藝用手縫麻線。

5

從口金中央開始進行回針縫。麻線穿入縫針後打結，在織片中央往回挑縫1針。
※要注意，縫線請勿顯露於表面。

6

縫針從口金中央旁的第2個縫孔，由外穿入內側。

7

接著，縫針從口金中央的縫孔穿向外側。

8

要注意，以不影響外觀的方式挑縫織片，縫針由外往內穿入口金的第3個縫孔。

9

接著將縫針往外穿過步驟6的縫孔。
※由於口金縫孔與織片的針數不相等，要一邊適度調整，一邊依序縫合。

10

以回針縫縫合至口金轉角之後，使用錐子挑起3至4個針目，將挑鬆的針目收緊。

織片兩側各略過約6針不縫合，預留口金開闔的活動空間。

11

繼續進行回針縫至最後。最後一個縫孔要挑縫兩次，在口金旁打結後，穿入口金下方藏住線頭。

12

縫好的口金左半邊（由內側觀看）。以此要領分別由中央往側邊縫合四分之一，如此就能將織片均等的縫於口金上。

13

以相同作法由中央開始縫合口金的右半邊。

14

另一側的口金也以相同方式縫合。

15

分別在提把織片的兩端安裝C圈，鉤住口金本身的吊環。

16

口金兩側吊環皆與提把扣合，完成。

包芯鉤織方法

（作品 > P.29、*How to make* > P.78）

取細繩或粗繩為芯線，以短針包覆芯線鉤織的方法。因為加入了芯線，因此可以完成更加厚實且堅固耐用的織片。作品實際上是使用黑色的鉤織專用包芯線。

袋底織法

1

鎖針起針35針。

2

將鉤織專用包芯線（以下簡稱芯線）的線頭朝上，鎖針起針沿著芯線下方並列，如圖示持線。織線置於芯線後方，掛在手指上。

3

預留約3cm的芯線線頭，鉤針依箭頭指示掛線。

4

鉤出織線。完成立起針的鎖針。

5

鉤針穿入起針針目的裡山（★）。

6

鉤針掛線。

7

往內側鉤出織線。鉤針再次掛線，依箭頭指示引拔（短針）。

8

完成包芯鉤織的1針短針。

9

以相同方式包覆芯線，鉤織起針針目的35針短針。

10

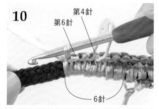

鉤織兩端的圓弧處時，不挑起針針目，直接包覆芯線鉤織6針短針，並於第4針加上段數環，作為圓弧中心的記號。

11

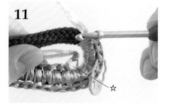

對摺芯線，在起針針目的另一側挑針鉤織（☆）。

12

鉤織包覆芯線的短針。

13

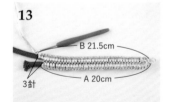

以相同方式在起針針目上挑針（裡山之外餘下的鎖狀2條線），鉤織35針包覆芯線的短針。接著不挑起針針目，直接包覆芯線鉤織3針短針。

14

上下針目的長度如步驟**13**圖示，不妨一邊測量，一邊拉動芯線進行調整。

15

繼續鉤織直接包覆芯線的3針短針，於6個針目中的第4個針目加上段數環。完成第1段。

16

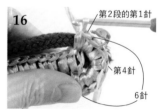

第2段開始不鉤織立起針的鎖針，挑針鉤織包覆芯線的短針。第1針一定要加上段數環，以便清楚分辨段數的轉換。

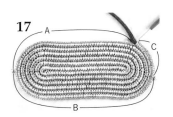

17

環繞著起針針目鉤織6段包覆芯線的短針。每鉤織半圈就收緊芯線，確認A、B、C的尺寸。一邊鉤織一邊調整形狀，就能完成漂亮的鉤織作品。

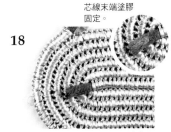

18

芯線末端塗膠固定。

將起始處的芯線剪成約2cm，塗上白膠靜置乾燥，以免鬆脫。完成袋底。

銜接芯線的方法

需要銜接芯線時，於兩條芯線線頭約2cm處塗白膠，如圖示黏合後以手縫線綁緊、固定。固定後即可繼續鉤織包芯針目。

2線之間塗抹接著劑

收針處的處理方式

1

收針處

距離收針處約3cm時先暫時休針（示範作品為距離6針）。

2

如圖鬆開芯線，朝向尾端斜剪。

3

包覆鉤織餘下的針目至最後，收針藏線。

4

本體收針藏線後，再以毛線針進行捲針縫，接縫竹節提把。

木製口金組裝方法

（作品 > P.18、How to make > P.58）

這是一款以磁鈕開合的木製口金。組裝方法不同於手縫式，而是將織片夾入口金凹槽，再以螺絲固定的方式。先在凹槽塗上白膠，再塞入織片，即可牢牢固定。

木製口金

洋溢木頭溫潤感的木製口金。將織片或布袋塞入口金內側凹槽（約5mm）的組裝方式。圖為木製口金（WK-2501 #24）、寬約25cm×高約8.5cm／INAZUMA。

1

內側具有溝槽

打開口金。

2

將織片塞入口金的凹槽後，鎖上螺絲固定。

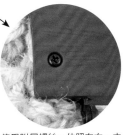

使用附屬螺絲，依照左右、中央和其餘部分的順序固定。

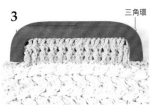

3

三角環

完成。可利用左右兩側的三角環，以活動鉤銜接肩背鍊。

作品使用線材

線材因粗細、顏色、觸感等，各自擁有不同的特色。依作品設計風格來使用吧！
※金額皆含稅。

原寸照片　　KOKUYO　　　DARUMA

1 麻線 > 100% 純麻線。超長線捲，不需接線就能完成漂亮的大型包包。圖中1捲線長約480m（約750g）。1,155日圓（另有其他長度可供選擇）。

2 麻線 > 黃麻纖維去除油味後加工而成的天然手織線。1球約100m，原色626日圓／染色線1,058日圓，共14色。　**3 Hemp String** > 宛如馬德拉斯格紋般色彩鮮豔的大麻線。1球約40m，561日圓，共10色。　**4 Wool Jute** > 黃麻纖維與羊毛混紡的織線，特色為成品質地輕盈。1球約100m，1,274日圓，共4色。　**5 GIMA** > 棉70%與麻（亞麻）30%的平織扁線。1球30g（約46m），594日圓，共7色。　**6 鴨川#18** > 100%純棉的強撚蕾絲線，成品結實耐用。1球50g（約175m），842日圓，共9色。　**7 SASAWASHI** > 以山白竹為原料的和紙線。自然的光澤充滿魅力。1球25g（約48m），561日圓，共12色。

Hamanaka

適合冬季的混織線材

8 Comacoma > 色彩繽紛又甜美可愛的粗撚黃麻線。1球40g（約34m），464日圓，共17色。　**9 Eco Andaria** > 以木材為原料的再生纖維線。100%嫘縈。1球40g（約80m），561日圓，共54色。　**10 Eco Andaria《Crochet》** > 將Eco Andaria適度處理成更具張力與韌性的細線。1球30g（約125m），561日圓，共10色。　**11 APRICO** > 以質地柔軟且擁有雅致光澤的supima棉為原料的線材。1球30g（約120m），486日圓，共28色。　**12 Flax K** > 比利時產亞麻混紡的天然線材。用途廣泛的並太線材。1球25g（約62m），421日圓，共16色。　**13 Alpaca Mohair Fine** > 加入羊駝毛的百搭線材，屬於嬰兒毛海類型的織線。1球25g（約110m），604日圓，共24色。　**14 Sonomono Loop** > 羊毛60%與羊駝毛40%混紡的柔軟圈圈紗。1球40g（約38m），723日圓，共3色。　**15 Sonomono Alpaca Wool《並太》** > 適用範圍從小物到服飾，十分廣泛。含60%羊毛與40%羊駝毛。1球40g（約92m），626日圓，共5色。

素材協力

KOKUYO株式会社 > 大阪府大阪市東成区大今里南6丁目1番1号　http://www.kokuyo-st.co.jp/stationery/asahimo/
横田株式会社（DARUMA） > 大阪府大阪市中央区南久宝寺町2丁目5番14号　http://www.daruma-ito.co.jp/
Hamanaka株式会社 > 京都府京都市右京区花園薮ノ下町2番地の3　http://www.hamanaka.co.jp/

How to make

鉤織的手勁因人而異。
請參考作品說明頁面的尺寸與密度，配合個人手勁大小，
適度調整鉤針號數或針目數量。

A 2way馬歇爾包

P.4-5

材料&工具 >
KOKUYO 麻線 原色330g（約230ｍ）、真皮提把（INAZUMA·ULH-40、焦茶色）1組、8/0號鉤針、皮革用手縫麻線

完成尺寸 >
寬41cm 高27cm（不含提把）

密度 >
10cm平方＝短針 13針×15段

鉤織要點 >
◆ 輪狀起針鉤織本體，依織圖一邊加針一邊鉤織39段短針。第40段鉤織逆短針。
◆ 鎖針起針40段，依織圖鉤織綁帶。
◆ 依完成圖分別將綁帶縫於本體內側脇邊，提把縫於袋口外側。

本體

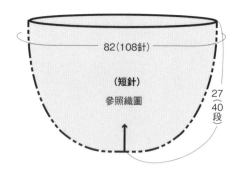

82（108針）

（短針）

參照織圖

27
（40
段）

綁帶 2條

（雙重鎖針）

28（40針）

← ①

本體針數表

段	針數	
37〜40段	108針	
36段	108針	（+6針）
33〜35段	102針	
32段	102針	（+6針）
29〜31段	96針	
28段	96針	（+6針）
25〜27段	90針	
24段	90針	（+6針）
21〜23段	84針	
20段	84針	（+6針）
17〜19段	78針	
16段	78針	（+6針）
13〜15段	72針	
12段	72針	（+6針）
11段	66針	（+6針）
10段	60針	（+6針）
9段	54針	（+6針）
8段	48針	（+6針）
7段	42針	（+6針）
6段	36針	（+6針）
5段	30針	（+6針）
4段	24針	（+6針）
3段	18針	（+6針）
2段	12針	（+6針）
1段	6針	

完成圖

提把

（16針）

6段

將綁帶縫於本體第39段的內側（2處）。

提把夾住本體進行縫合。

本體

提把縫合方式

正面

背面

〜十 逆短針

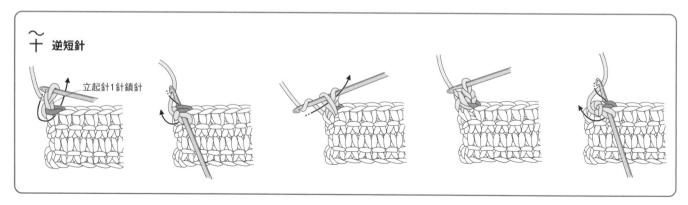

立起針1針鎖針

本體　　短針

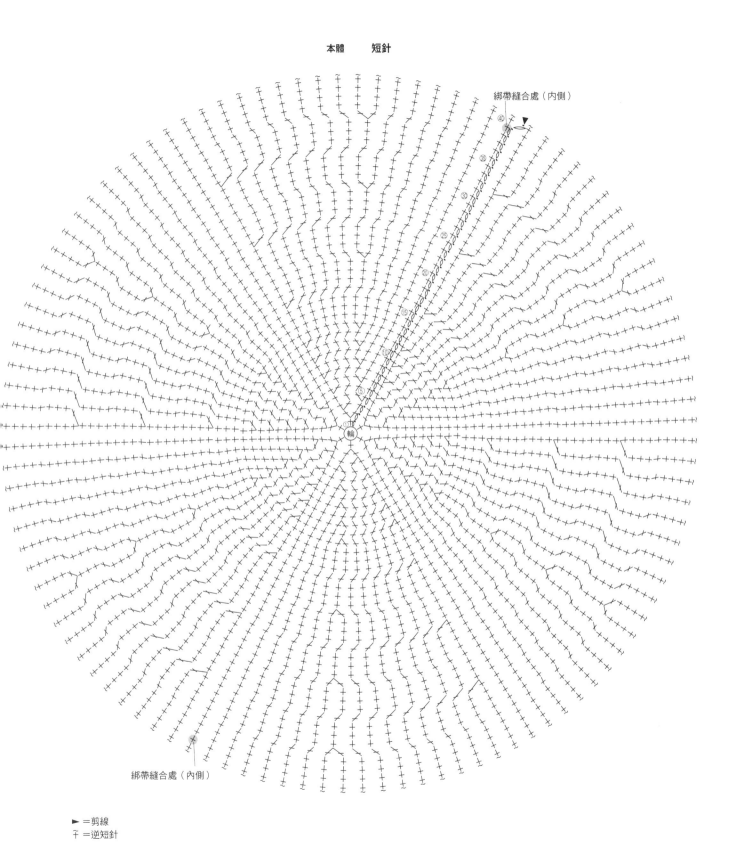

綁帶縫合處（內側）

綁帶縫合處（內側）

► ＝剪線
〒 ＝逆短針

β 支架口金手提包

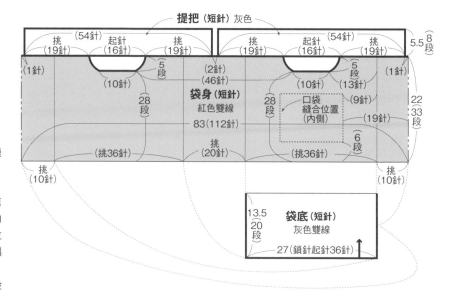

P.6-7

材料&工具 >
DARUMA 麻線 紅色（6）280g（約200m）·
灰色（7）180g（約130m）、支架口金（角
田商店·ㄇ字形鋁管支架口金24cm）1個、
8/0號鉤針

完成尺寸 >
寬27cm　深14.5cm　高22cm（不含提把）

密度 >
10cm平方＝短針（雙線鉤織）13.5針×15段

鉤織要點 >
袋底·袋身取雙線鉤織。

◆ 鎖針起針36針開始鉤織袋底，進行20段短
　針的往復編。

◆ 更換色線鉤織袋身。於袋底收針處接線，
　沿袋底周圍挑112針，鉤織28段短針後剪
　線。依織圖在指定位置接線，提把開口的
　每一段都要剪線，分別鉤織5段。於指定位
　置接線，分兩次鉤織提把織片，以往復編
　鉤織8段。

◆ 提把織片往內側對摺，最終段與提把第1段
　進行捲針縫，縫成筒狀。穿入支架口金，
　鎖緊螺絲固定即可。

完成圖

※打開袋口的俯瞰圖。

提把

口袋置於袋身的
指定位置(內側)，
除開口外，
以捲針縫縫合3邊。

支架口金的螺絲

提把

※提把織片往內側對摺，
　以捲針縫縫於提把的第1段。
　分別將支架口金穿入，
　再鎖上螺絲固定（參照P.36）。

口袋

（短針）
灰色

10
（15段）

13.5
（鎖針起針18針）

口袋

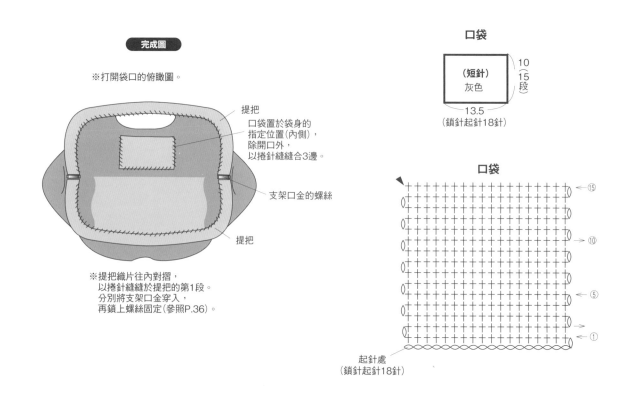

⑮
⑩
⑤
①

起針處
（鎖針起針18針）

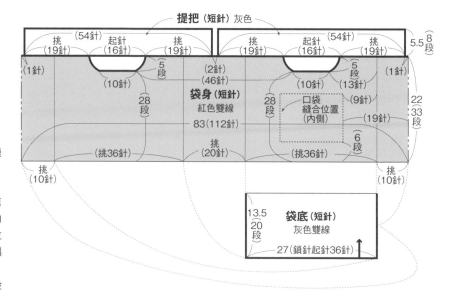

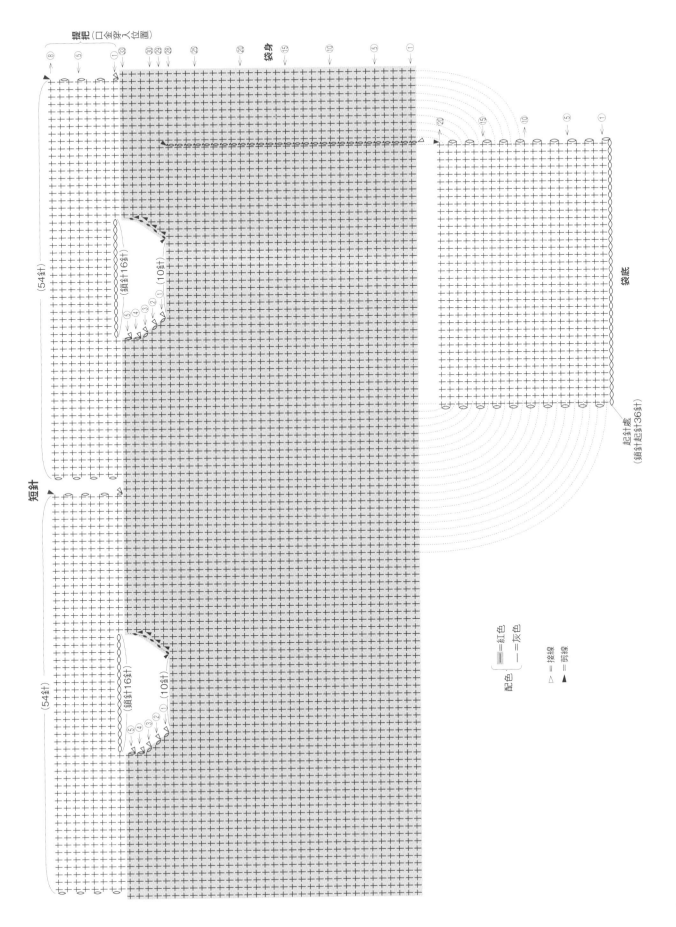

提把(口金穿入位置)

袋身

短針

袋底

起針處
(鎖針起針36針)

配色 ━ =紅色
      ── =灰色

△ =接線
▲ =剪線

（ 單色調托特包
Ŭ 麻線＋毛海編織包

◆◆◆◆◆◆◆◆◆◆◆◆◆◆◆◆◆◆◆◆◆◆◆◆
P.8，P.34

材料&工具 >

C：Hamanaka Comacoma 杏色（2）240g
　　黑色（12）135g、8/0號鉤針

Y：Hamanaka Comacoma 紅色（7）370g
　　Alpaca Mohair Fine 淺杏色（2）65g、
　　8/0號鉤針

完成尺寸 >

C：寬40cm　高19cm（不含提把）

Y：寬41.5cm　高19.5cm（不含提把）

密度 >

C：10cm平方＝短針 13.5針×15.5段

Y：10cm平方＝短針 13針×15段

鉤織要點 >

✦ 鎖針起針26針開始鉤織袋底。依織圖進
　行每一段改變鉤織方向的輪編，一邊加針
　一邊鉤織10段短針。接續鉤織袋身，不加
　減針鉤織29段。（C：換色織入短針的直
　紋圖案，一邊縱向渡線一邊鉤織針目。起
　針時也要換色鉤織。Y：取2條線一起鉤
　織）。

✦ 提把是在袋身挑6針（2處），鉤織40段
　短針。再以捲針縫分別接合提把，收針
　段（♥）的織線接縫袋身的♡，收針段
　（★）接縫袋身的☆。

✦ 依圖示製作Y的絨球與掛繩，再依完成圖
　裝飾包包上。

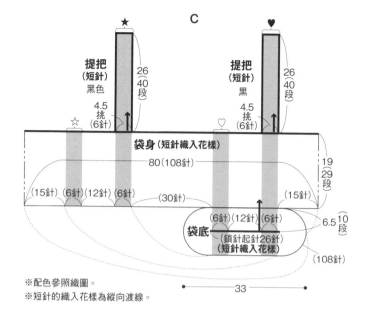

C

※配色參照織圖。
※短針的織入花樣為縱向渡線。

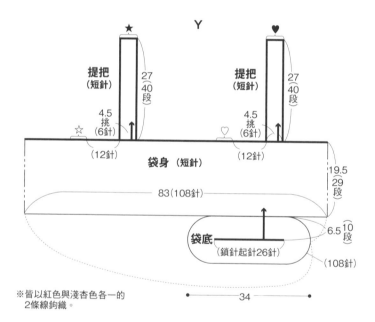

Y

※皆以紅色與淺杏色各一的
　2條線鉤織。

C

完成圖

以捲針縫
接合提把的♥
與袋身的♡

以捲針縫
接合提把的★
與袋的☆

Y

完成圖

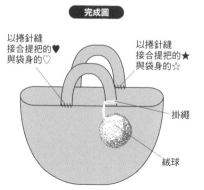

以捲針縫
接合提把的♥
與袋身的♡

以捲針縫
接合提把的★
與袋身的☆

掛繩

絨球

※將掛繩穿入絨球中心，
　線頭打結後，
　將掛繩套掛在提把上。

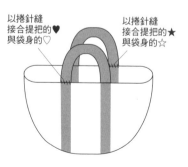

C·Y共同織圖

C配色 { ╋ =黑色 ＋ =杏色 }

Y 皆以紅色與淺杏色
各一的2條線鉤織。

▷ =接線
► =剪線

短針織入花樣

預留足夠長度後剪線

♥

←40

←5 提把

※以捲針縫
接合提把的♥
與袋身的♡。

←①

←29

←25

←20

袋身

←15

←10

←5

←②
←①

※袋底·袋身皆以
輪編要領進行往復編。

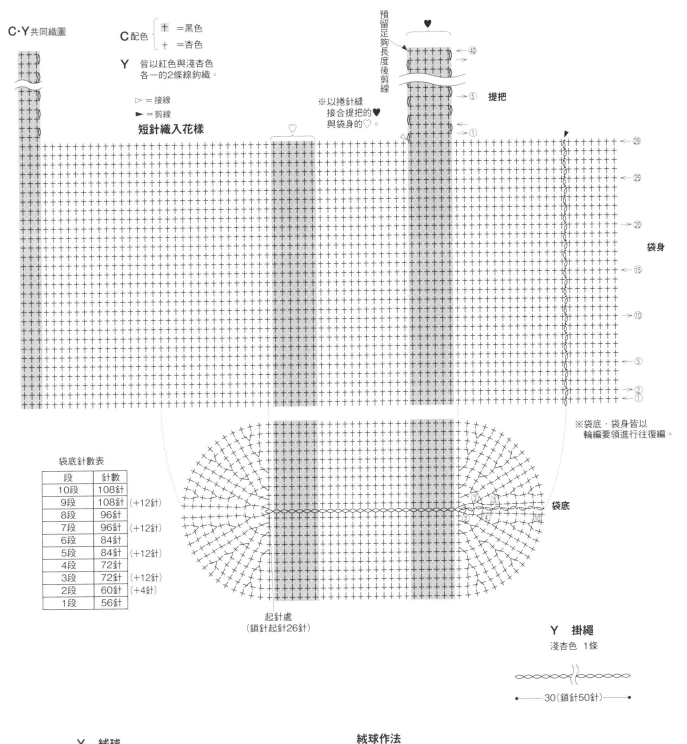

袋底

袋底針數表

段	針數	
10段	108針	
9段	108針	(+12針)
8段	96針	
7段	96針	(+12針)
6段	84針	
5段	84針	(+12針)
4段	72針	
3段	72針	(+12針)
2段	60針	(+4針)
1段	56針	

起針處
(鎖針起針26針)

Y 掛繩

淺杏色 1條

●——30(鎖針50針)——●

Y 絨球

淺杏色 1個

9

絨球作法

① 厚紙 10cm

※捲繞350次

② 剪開 綁緊

③

修剪整齊

D 褶襉包

P.9

材料&工具 >

Hamanaka Eco Andaria 偏紅杏色（42）305g、
6/0號鉤針

完成尺寸 >

寬約40cm　高31.5cm（不含提把）

密度 >

10cm平方＝短針 19針×20段
10cm平方＝花樣編 19針×7.5段

鉤織要點 >

◆ 鎖針起針116針開始鉤織本體，依序鉤織
　 32段短針、21段花樣編、32段短針。起針
　 針目（★）與收針段（☆）依圖示抓褶，
　 於重疊部分挑針，鉤織3段緣編A。

◆ 緣編B的第1段，是依序在本體♡挑77針短
　 針、鉤提把①的70針鎖針起針、沿♥挑77
　 針短針、鉤提把②的70針鎖針起針，再依
　 織圖以輪編鉤織6段。

◆ 提把第1段的鎖針與第6段的短針針頭對
　 齊，以捲針縫併縫成筒狀。

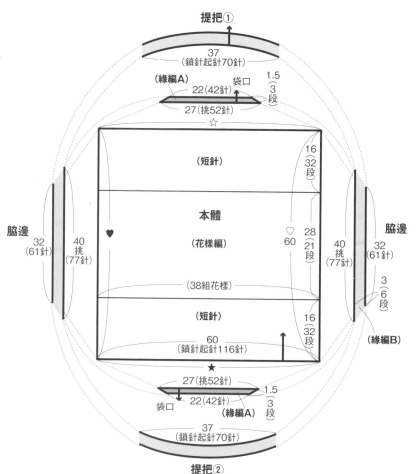

提把①

37
（鎖針起針70針）

（緣編A）　　22（42針）　袋口　　1.5
　　　　　27（挑52針）　　　3段
　　　　　　　　☆

（短針）　　　　　　16（32段）

本體
（花樣編）

♥　　　60　　　♡　　28（21段）

32（61針）脇邊　40挑（77針）　　40挑（77針）　32（61針）脇邊

（38組花樣）　　　　　　3（6段）

（短針）　　16（32段）

60（鎖針起針116針）　　　★

（緣編B）

27（挑52針）　　　1.5
22（42針）　　　3段
袋口　　（緣編A）

37
（鎖針起針70針）

提把②

完成圖

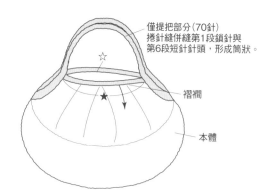

僅提把部分（70針）
捲針縫併縫第1段鎖針與
第6段短針針頭，形成筒狀。

褶襉

本體

鉤織緣編A的褶襉摺法（☆、★）

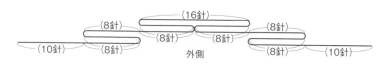

（16針）
（8針）　　　　　　（8針）
（8針）　　（8針）
（10針）　（8針）　　　　　　　（8針）　（10針）
外側

※如圖示將116針（☆、★）重疊成52針，挑針鉤織緣編A的第1段。

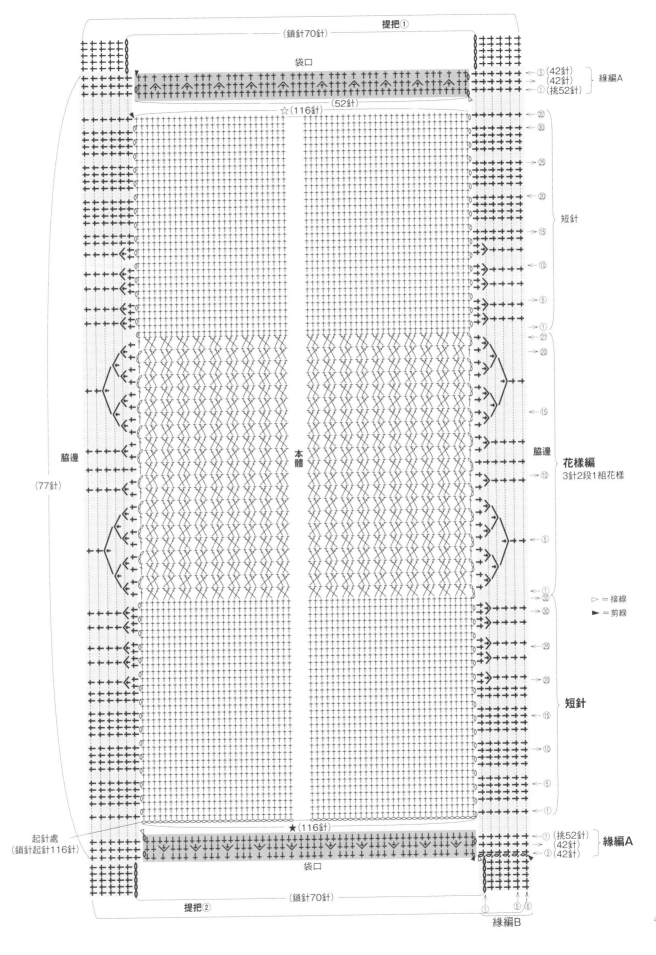

提把①

（鎖針70針）

袋口

	→ ③ (42針)
	(42針) 緣編A
	→ ① (挑52針)

☆(116針)

(52針)

短針

脇邊

(77針)

本體

脇邊

花樣編
3針2段1組花樣

短針

▷ = 接線
► = 剪線

★(116針)

起針處
（鎖針起針116針）

	→ ① (挑52針)
	(42針) 緣編A
	→ ③ (42針)

袋口

提把②

（鎖針70針）

緣編B

49

平織提把兩用包

P.12-13

材料&工具 >

DARUMA SASAWASHI 黑色（8）195g、亞
麻布（灰色）68cm×20cm、寬3cm活動鉤2
個、D形環2個、7/0號鉤針

完成尺寸 >

寬38.5cm　高21cm（不含提把）

密度 >

10cm平方＝短針・花樣編 13針×17段

鉤織要點 >

◆ 鎖針起針34針開始鉤織袋底。依織圖一邊
　加針一邊鉤織7段短針。接續鉤織袋身，不
　加減針鉤織30段花樣編與6段短針。

◆ 提把為鎖針起針40針。依織圖鉤織2段，
　縫於指定位置。

◆ 肩背帶為鎖針起針145針。依織圖鉤織2
　段；參照組合方法，將活動鉤縫於兩端。

◆ 鉤織D形環吊耳，鎖針起針4針，鉤織7段
　短針。完成後對摺，夾入D形環，縫於指
　定位置。

◆ 鉤織2條100針的鎖針，完成抽繩。

◆ 參照束口布縫製方法，完成束口布。

◆ 束口布依完成圖縫在指定位置後，穿入抽
　繩即完成。

本體

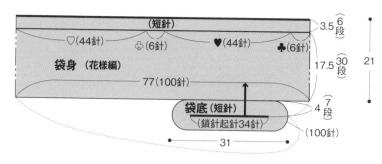

完成圖

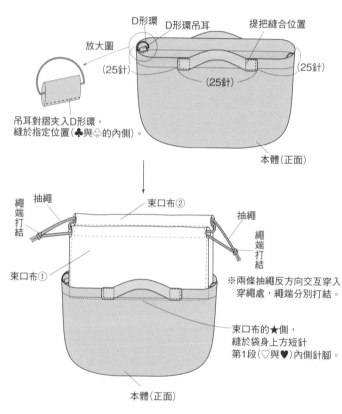

肩背帶組裝方法

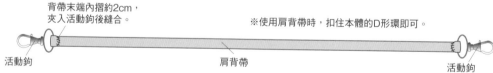

背帶末端內摺約2cm，
夾入活動鉤後縫合。

※使用肩背帶時，扣住本體的D形環即可。

活動鉤　　　肩背帶　　　活動鉤

束口布縫製方法

①依圖示裁剪布料。　　　②參照下圖車縫。　　　③最後將上方三摺邊後車縫
　　　　　　　　　　　　　　　　　　　　　　　　（穿繩處）。

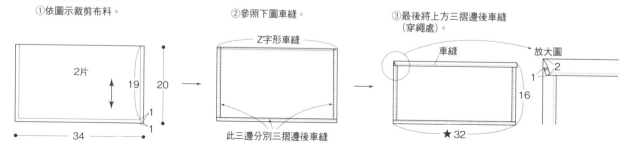

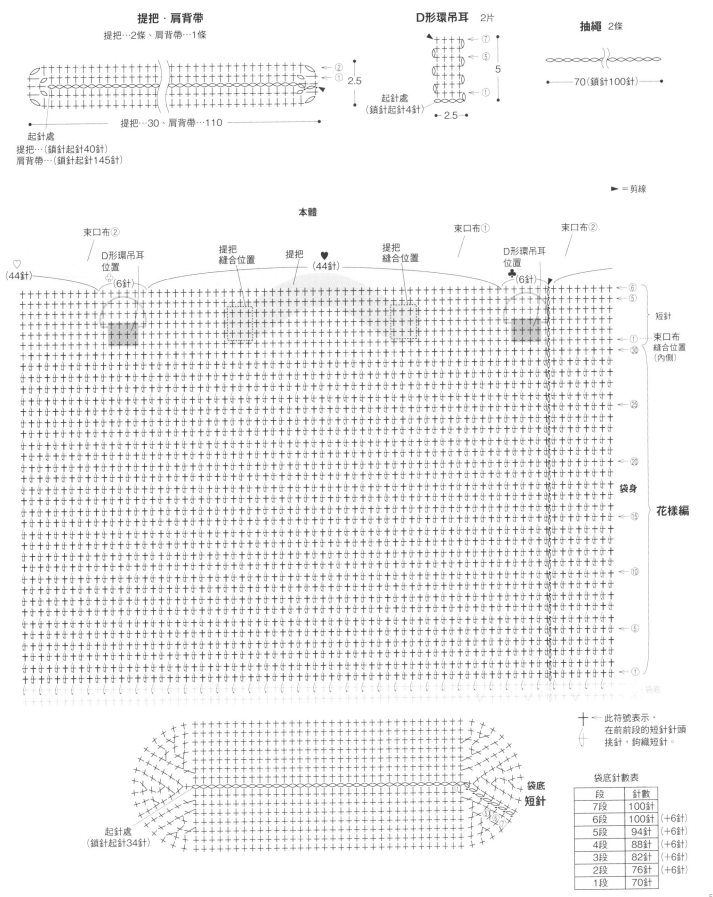

提把・肩背帶
提把…2條、肩背帶…1條

起針處
提把…(鎖針起針40針)
肩背帶…(鎖針起針145針)

提把…30、肩背帶…110
2.5

D形環吊耳　2片

起針處
(鎖針起針4針)
5
2.5

抽繩　2條

70(鎖針100針)

►＝剪線

本體

束口布②　　D形環吊耳位置　　提把縫合位置　　提把　　♥(44針)　　提把縫合位置　　束口布①　　D形環吊耳位置　　束口布②

♡(44針)

♣(6針)　　♣(6針)

⑥
⑤
短針
①
㉚
束口布縫合位置(內側)

㉕
㉕
㉒⓪
袋身
⑮
花樣編
⑩
⑤
①

袋底
短針

起針處
(鎖針起針34針)

㆒┼　此符號表示，
在前前段的短針針頭挑針，鉤織短針。

袋底針數表

段	針數
7段	100針
6段	100針(＋6針)
5段	94針(＋6針)
4段	88針(＋6針)
3段	82針(＋6針)
2段	76針(＋6針)
1段	70針

3way手拿包

P.14-15

材料&工具 >

Hamanaka Eco Andaria《Crochet》 焦茶色
（804）120g・綠色（809）100g、6/0號鉤針

完成尺寸 >

寬36cm 高43cm

密度 >

10cm平方＝長針（雙線鉤織）18針×8段

鉤織要點 >

皆以2條線鉤織。

◆ 鎖針起針60針，開始鉤織本體，依織圖以
　輪編進行34段長針。鉤織時要特別留意，
　雙線配色的變換。

◆ 鎖針起針32針鉤織口袋，鉤織10段長針。

◆ 鎖針起針5針鉤織肩背帶，鉤織130段短
　針。

◆ 鎖針起針9針鉤織背帶環，鉤織2段短針。

◆ 依完成圖將口袋與背帶環縫於本體，肩背
　帶穿入後接縫成圈。

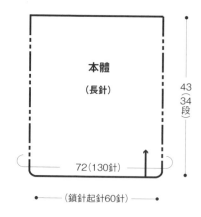

本體
（長針）

43
（34
段）

72（130針）

（鎖針起針60針）

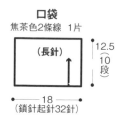

口袋
焦茶色2條線 1片

（長針）

12.5
（10
段）

18
（鎖針起針32針）

肩背帶 1條
綠色2條線
（短針）

72
（130
段）

2.5
（鎖針起針5針）

背帶環 6片
焦茶色2條線

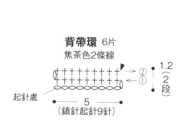

1.2
（2
段）

②
①

起針處

5
（鎖針起針9針）

肩背帶

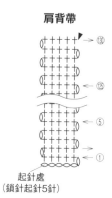

⑬
⑫
⑤
①

起針處
（鎖針起針5針）

口袋

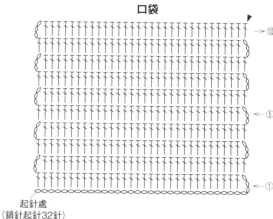

⑩
⑤
①

起針處
（鎖針起針32針）

※肩背帶穿入背帶環，
　起針與收針段對齊，
　以捲針縫接合成圈。

※背帶環置於指定處，
　縫合上、下方。

完成圖

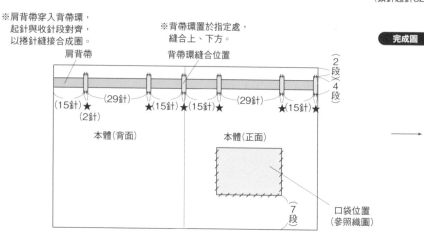

肩背帶

背帶環縫合位置

（2
段
×
4
段）

（15針）★
（2針）

（29針）

★（15針）★（15針）★

（29針）

★（15針）★

本體（背面）

本體（正面）

7
段

口袋位置
（參照織圖）

※除上方外的口袋三邊，
　以捲針縫固定於指定位置。

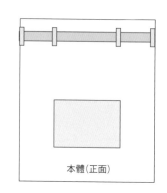

本體（正面）

本體　長針

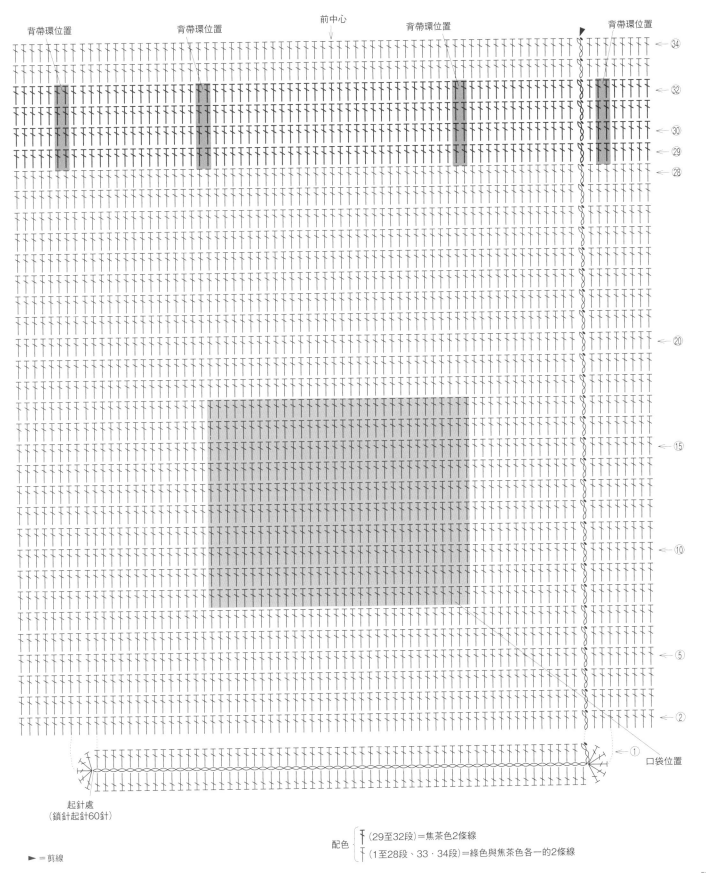

背帶環位置　背帶環位置　前中心　背帶環位置　背帶環位置

← ㉞
← ㉜
← ㉚
← ㉙
← ㉘

← ⑳

← ⑮

← ⑩

← ⑤

← ②

← ①　口袋位置

起針處
（鎖針起針60針）

► ＝剪線

配色 ⎰ ┬（29至32段）＝焦茶色2條線
　　 ⎱ ┬（1至28段、33‧34段）＝綠色與焦茶色各一的2條線

53

蕾絲飾蓋提籃包

P.17

材料&工具 >

Hamanaka Eco Andaria 杏色（23）150g・
Flax K 原色（11）45g、釦子（2.5cm×1cm）
1顆、6/0號・5/0號鉤針

完成尺寸 >

寬36cm　高30cm（不含提把）

密度 >

10cm平方＝短針 19針×18段
10cm平方＝花樣編 24針×8段

鉤織要點 >

◆ 輪狀起針鉤織本體，依織圖以不鉤立起針
　的方式，一邊加針一邊鉤織54段短針。第
　55段鉤引拔針。

◆ 提把為鎖針起針10針，鉤織81段短針。依
　圖示將中央部分對摺，進行捲針縫。

◆ 袋蓋為鎖針起針47針，鉤織11段花樣編。
　完成2織片後，背面相對疊合，沿四周鉤織
　1段緣編。

◆ 依完成圖摺疊本體袋口，製作脇邊的褶襉
　（★）。袋蓋、提把、釦子縫於指定位置
　即完成。

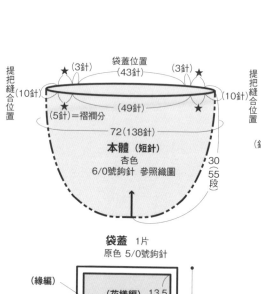

本體（短針）
杏色
6/0號鉤針　參照織圖

(3針)　袋蓋位置(43針)　(3針)
提把縫合位置(10針)　(10針)
(49針)
(5針)＝褶襉分
72(138針)
30(55段)

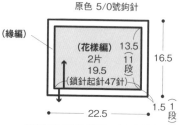

袋蓋 1片
原色 5/0號鉤針

(緣編)
（花樣編）
2片
19.5
（鎖針起針47針）
13.5　11段
16.5
1.5（1段）
22.5

※鉤織2片花樣編織片，背面相對疊合，
沿四周鉤織1段緣編。

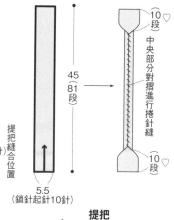

提把 1條
（短針）

杏色 6/0號鉤針

45(81段)
提把縫合位置
5.5（鎖針起針10針）
10段 ♡
中央部分對摺進行捲針縫
10段 ♡

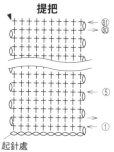

提把

㉛
㉚
⑤
①
起針處
（鎖針起針10針）

本體針數表

段	針數	
39～55段	138針	
38段	138針	（＋6針）
35～37段	132針	
34段	132針	（＋6針）
31～33段	126針	
30段	126針	（＋6針）
27～29段	120針	
26段	120針	（＋6針）
23～25段	114針	
22段	114針	（＋6針）
19～21段	108針	
18段	108針	（＋6針）
17段	102針	（＋6針）
16段	96針	（＋6針）
15段	90針	（＋6針）
14段	84針	（＋6針）
13段	78針	（＋6針）
12段	72針	（＋6針）
11段	66針	（＋6針）
10段	60針	（＋6針）
9段	54針	（＋6針）
8段	48針	（＋6針）
7段	42針	（＋6針）
6段	36針	（＋6針）
5段	30針	（＋6針）
4段	24針	（＋6針）
3段	18針	（＋6針）
2段	12針	（＋6針）
1段	6針	

袋蓋 花樣編

⑪
⑩　將此處縫於本體的第54段（僅縫合內側一片）
⑤
②
①

起針處
（鎖針起針47針）

→① **緣編**

釦眼（花樣編縫隙）

▷＝接線
►＝剪線

＝疊合2織片，鉤針穿入織片空隙挑束鉤織。

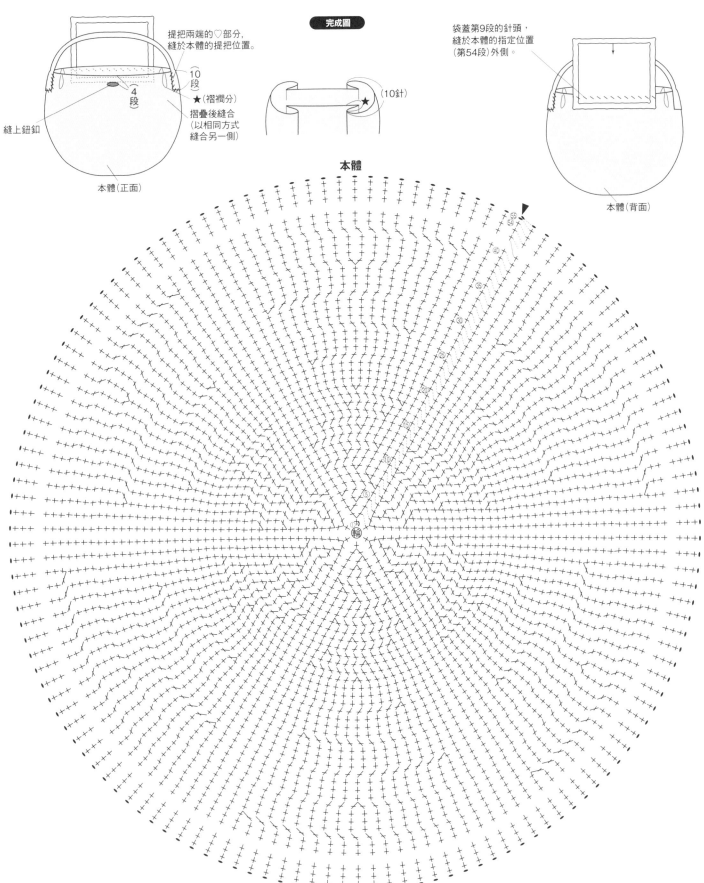

提把兩端的♡部分，
縫於本體的提把位置。

(10段)

(4段)

★(褶襉分)

摺疊後縫合
(以相同方式縫合另一側)

縫上鈕釦

本體(正面)

完成圖

(10針)

★

袋蓋第9段的針頭，
縫於本體的指定位置
(第54段)外側。

本體(背面)

本體

花樣織片祖母包

P.16

材料&工具 >
DARUMA GIMA 杏色（1）160g · 綠色（3）
45g · 黃色（4）／黑色（7）各30g · 深藍色
（5）20g、7/0號鉤針

完成尺寸 >
寬約31cm　高31cm（不含提把）

密度 >
花樣織片尺寸 6.5cm×6.5cm

鉤織要點 >
◆ 輪狀起針，依織圖鉤織3段的花樣織片。分
　別鉤織a · b · c配色的花樣織片各16片，
　依配置圖以半針目的引拔併縫接合。
◆ 在完成併縫的花樣織片上挑針，依織圖鉤
　織3段袋口的緣編A。
◆ 鉤織提把。首先接線鉤織鎖針，再依織圖
　配色鉤織緣編B至第8段，接著將緣編B背
　面相對對摺，鉤針一次穿入第1與第7段的
　針頭，鉤織引拔針。

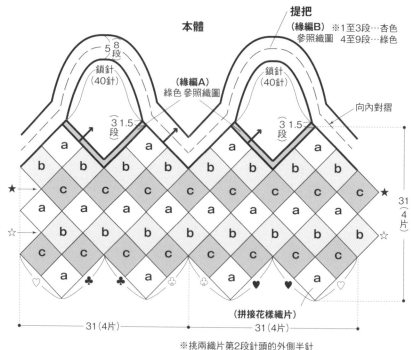

本體

提把
（緣編B）※1至3段…杏色
參照織圖　4至9段…綠色

（緣編A）
綠色 參照織圖

鎖針
（40針）

鎖針
（40針）

5
8
段

③ 1.5
段

③ 1.5
段

向內對摺

31
（4片）

（拼接花樣織片）

31（4片）

31（4片）

※挑兩織片第2段針頭的外側半針
鉤織引拔針，拼接織片。

花樣織片　a·b·c…各16片

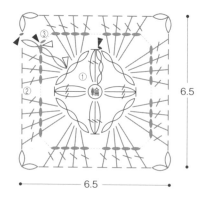

6.5

6.5

織片配色表

	a	b	c
3段	黑	黃色	綠色
2段	杏色	杏色	杏色
1段	深藍色	黑	黃色

※第3段是將鉤針穿入第2段的長針之間，
　挑束鉤織引拔針。

完成圖

提把

本體

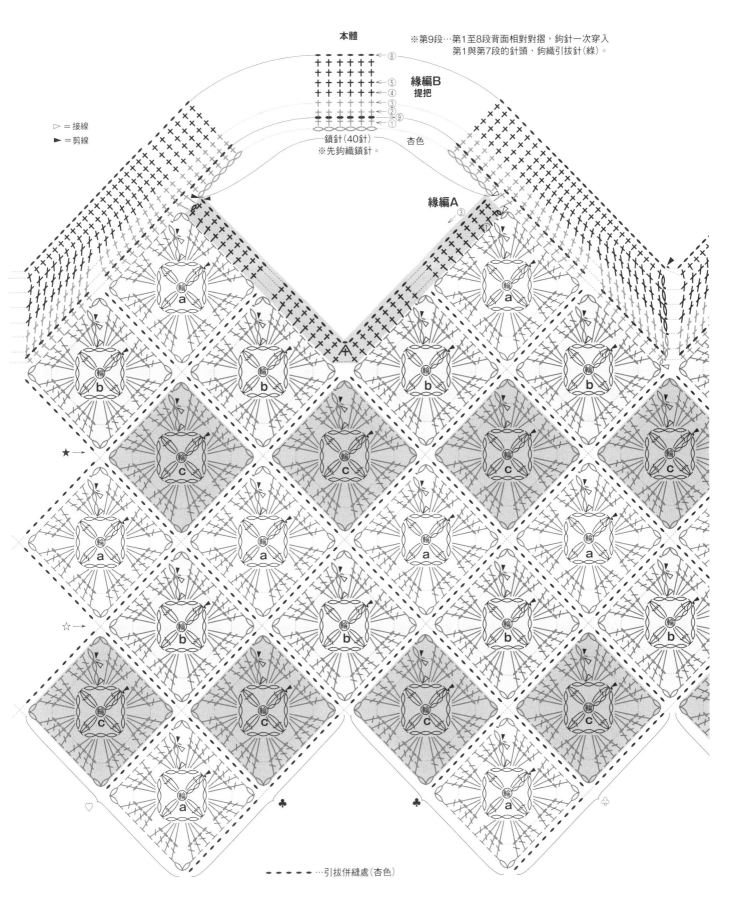

本體

※第9段…第1至8段背面相對對摺，鉤針一次穿入
第1與第7段的針頭，鉤織引拔針(綠)。

緣編B
提把

緣編A

▷＝接線
►＝剪線

鎖針(40針)
※先鉤織鎖針。

杏色

- - - - - …引拔併縫處(杏色)

木製口金兩用包

P.18-19

材料&工具 >

Hamanaka Comacoma 原色（1）160g·黃色
（3）40g、APRICO 淺黃色（16）40g、木製
口金（INAZUMA·WK-2501約25×8cm）、
肩背鍊105cm、活動鉤2個、寬5mm布用雙面
膠帶 適量、8/0號鉤針

完成尺寸 >

寬約30cm 高17cm（不含提把與口金）

密度 >

10cm平方＝花樣編 A 12針×5段
10cm平方＝花樣編 B 12針×6段

鉤織要點 >

皆取2條線鉤織。

◆ 鎖針起針20針開始鉤織袋底，依織圖一邊加
針一邊鉤織6段短針。接續鉤織袋身，以往
復編鉤織6段不加減針的花樣編A。花樣編B
則是分成前、後兩部分鉤織3段。最後沿袋
口鉤織1段緣編。

◆ 依完成圖將木製口金與本體指定的組裝位置
組合固定。肩背鍊兩端加裝活動鉤，扣住木
製口金的D形環即可使用。

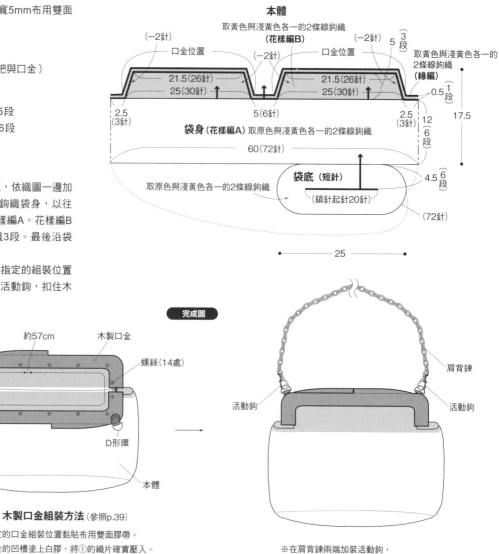

本體

取黃色與淺黃色各一的2條線鉤織
（花樣編B）

取黃色與淺黃色各一的2條線鉤織（緣編）

（−2針） 口金位置 （−2針） 口金位置 （−2針）

21.5(26針) 21.5(26針)
25(30針) 25(30針)

2.5 (3針) 5(6針) 2.5(3針)

袋身（花樣編A）取原色與淺黃色各一的2條線鉤織

60(72針)

取原色與淺黃色各一的2條線鉤織

袋底（短針）
（鎖針起針20針）

(72針)

17.5

3段 5
0.5 1段
12 6段
4.5 6段

25

完成圖

D形環 約57cm 木製口金

螺絲（14處）

D形環

本體

肩背鍊

活動鉤 活動鉤

木製口金組裝方法（參照p.39）

①在本體指定的口金組裝位置黏貼布用雙面膠帶。
②在木製口金的凹槽塗上白膠，將①的織片確實壓入。
③牢牢拴緊附屬螺絲。

※在肩背鍊兩端加裝活動鉤，
　扣住木製口金的D形環即可使用。

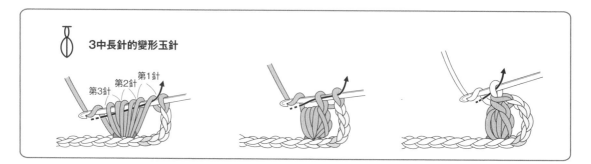

3中長針的變形玉針

第3針 第2針 第1針

本體

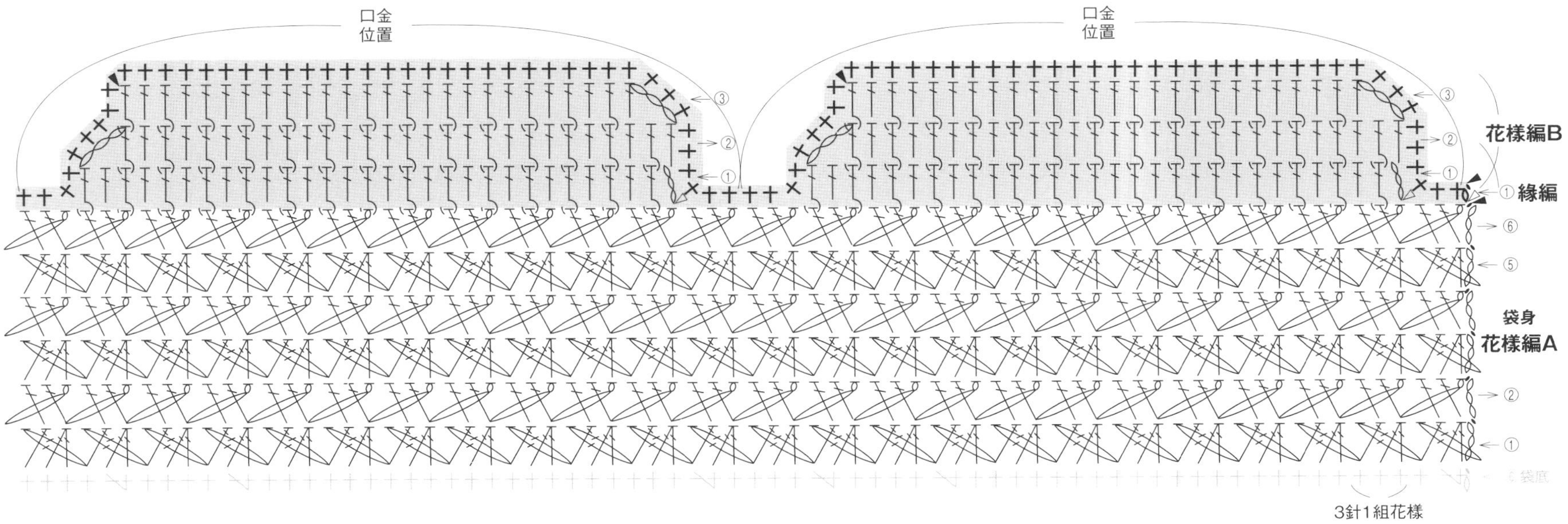

口金位置
口金位置
③
②
①
花樣編B
緣編
⑥
⑤
袋身
花樣編A
②
①
袋底
3針1組花樣

※鉤織玉針時要鉤出足夠長度的織線，才會漂亮飽滿。

配色
- ＝黃色與淺黃色各一的2條線
- ＝原色與淺黃色各一的2條線

▷＝接線
▶＝剪線

＝2中長針的變形玉針

＝表引長針

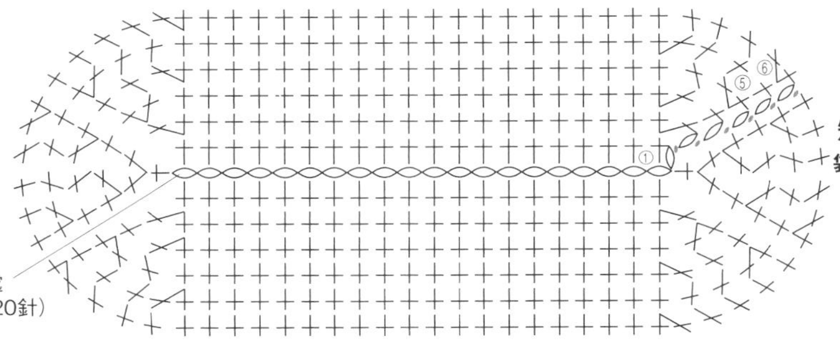

短針
袋底
⑥
⑤
①
起針處
（鎖針起針20針）

袋底針數表

段	針數	
6段	72針	（+6針）
5段	66針	（+6針）
4段	60針	（+6針）
3段	54針	（+6針）
2段	48針	（+6針）
1段	42針	

K 馬歇爾包

P.20

材料&工具 >
Hamanaka Eco Andaria 焦茶色（16）180g、
7/0號鉤針

完成尺寸 >
寬40cm　高32cm（不含提把）

密度 >
10cm平方＝短針 16針×18段

鉤織要點 >
◆ 輪狀起針鉤織本體，依織圖一邊加針一邊
　 鉤織58段短針。
◆ 提把為鎖針起針10針，頭尾引拔成環，以
　 輪編鉤織56段短針。
◆ 依完成圖將提把縫於本體內側。

本體

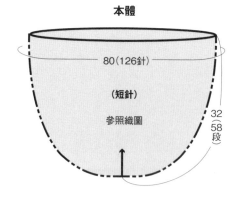

80（126針）

（短針）

參照織圖

32
（58
段）

提把
（短針）2條

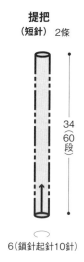

34
（60
段）

6（鎖針起針10針）

完成圖

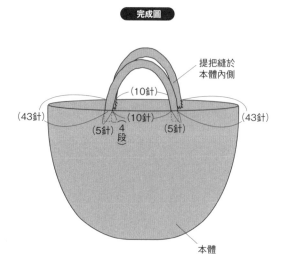

提把縫於
本體內側

（10針）

（43針）　　　（10針）　　　（43針）

（5針）　（5針）
4
段

本體

提把

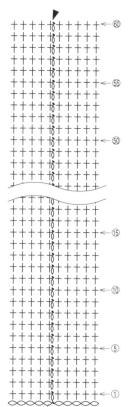

起針處
（鎖針起針10針）

本體針數表		
段	針數	
46～58段	126針	
45段	126針	（+6針）
39～44段	120針	
38段	120針	（+6針）
32～37段	114針	
31段	114針	（+6針）
27～30段	108針	
26段	108針	（+6針）
22～25段	102針	
21段	102針	（+6針）
17～20段	96針	
16段	96針	（+6針）
15段	90針	（+6針）
14段	84針	（+6針）
13段	78針	（+6針）
12段	72針	（+6針）
11段	66針	（+6針）
10段	60針	（+6針）
9段	54針	（+6針）
8段	48針	（+6針）
7段	42針	（+6針）
6段	36針	（+6針）
5段	30針	（+6針）
4段	24針	（+6針）
3段	18針	（+6針）
2段	12針	（+6針）
1段	6針	

本體　短針

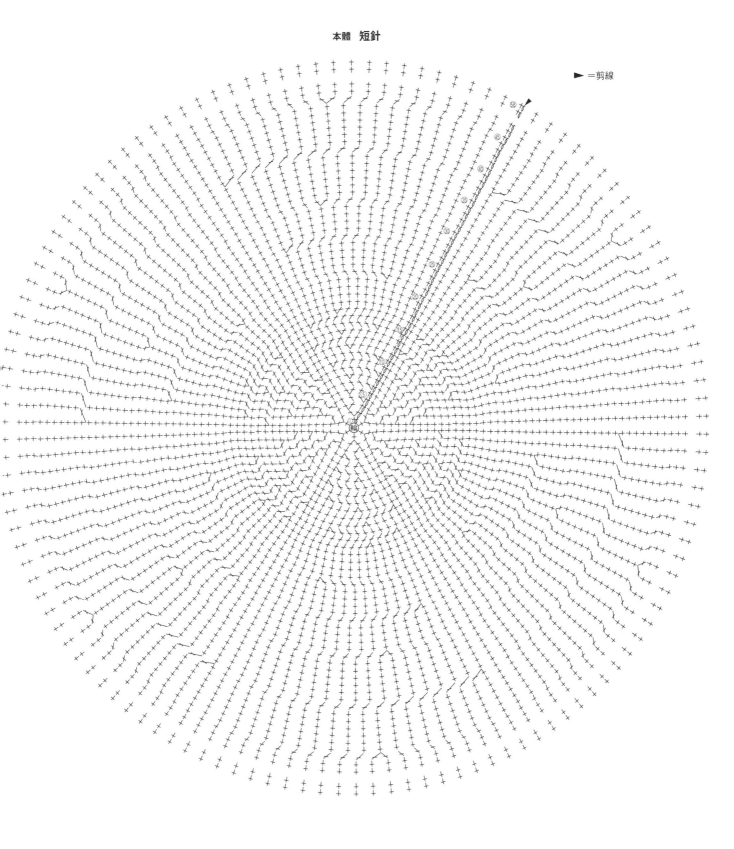

▶＝剪線

61

7 羊毛裝飾套

P.35

材料&工具 >

Hamanaka Sonomono Alpaca Wool《並太》
杏色（62）105g、Sonomono Loop 茶色（53）
40g、7/0號鉤針

完成尺寸 >

寬40cm 高22.5cm

密度 >

10cm平方＝花樣編 20針×9段

鉤織要點 >

◆ 鎖針起針160針，頭尾引拔成環開始鉤織
本體，依織圖鉤織17段花樣編。鉤織時，
在指定處預留提把套孔（2處）。換線後，
在起針針目的另一側挑針，鉤織5段短針。

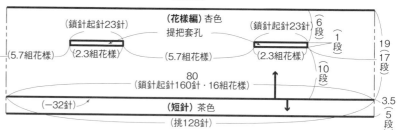

装飾套

（花樣編）杏色
提把套孔
（鎖針起針23針）
（鎖針起針23針）
⑥段
①段
19（17段）
（5.7組花樣）（2.3組花樣）（5.7組花樣）（2.3組花樣）
⑩段
80
（鎖針起針160針·16組花樣）
3.5（5段）
（−32針）（短針）茶色
（挑128針）

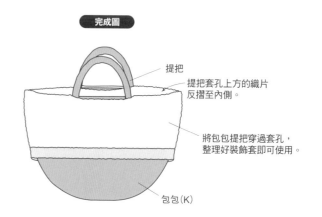

完成圖

提把
提把套孔上方的織片
反摺至內側。
將包包提把穿過套孔，
整理好裝飾套即可使用。
包包（K）

▷＝接線
►＝剪線

装飾套 花樣編

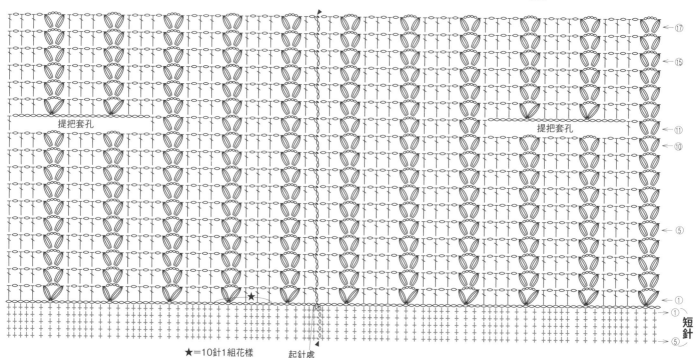

提把套孔
提把套孔

短針

★＝10針1組花樣
起針處
（鎖針起針160針）

⑰
⑮
⑪
⑩
⑤
①
①
⑤

網格購物袋

P.10-11

材料&工具 >

DARUMA SASAWASHI 橘色(10)75g、
7/0號鉤針

完成尺寸 >

寬32cm 高30cm（不含提把）

密度 >

10cm平方＝花樣編 3.4組花樣×8段

鉤織要點 >

◆ 輪狀起針鉤織本體，依織圖一邊加針一邊
鉤織24段花樣編。

◆ 提把為鎖針起針15針，鉤織6段短針。

◆ 鉤織168針鎖針製作提繩。依圖示分別將
提繩穿過本體的第24段，兩端在上方打結
收緊。

◆ 參照完成圖，分別在提繩打結處包覆提
把，以捲針縫縫合。

完成圖

提繩①至③打結收緊，
包覆提把後，進行
捲針縫（參照右圖）。

打結
提繩①～③
提把

以捲針縫縫合
起針與收針處

提繩依織圖穿入
第24段，線端
於上方打結收緊。

本體

提把 2片
（短針）

3.5（6段）
9
（鎖針起針15針）

本體
（花樣編）

參照織圖

64（22組花樣）

30（24段）

本體
花樣編

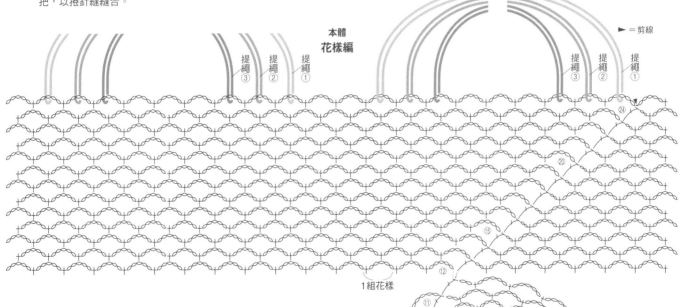

► ＝剪線

提繩③ 提繩② 提繩①

1組花樣

提繩 6條

●—120（鎖針起針168針）—●

提把 2片
短針

起針處
（鎖針起針15針）

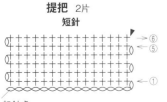

► ＝剪線

本體針數表

段	花樣數
8~24段	22花樣
7段	22花樣（+5花樣）
6段	17花樣
5段	17花樣（+4花樣）
4段	13花樣
3段	13花樣（+4花樣）
2段	9花樣（+1花樣）
1段	8花樣

肩背包

P.21

材料&工具 >
DARUMA Wool Jute 深藍色（4）305g（約265m）、直徑3.5cm鈕釦1顆、8/0號鉤針

完成尺寸 >
寬28cm　高30.5cm（不含提把）

密度 >
10cm平方＝短針（袋底・袋身）14針×14.5段
10cm平方＝花樣編 14針×12段

鉤織要點 >
◆ 輪狀起針鉤織袋底，依織圖加針鉤織13段
短針。接著不加減針依序鉤織10段短針、
22段花樣編、10段短針。鉤織最終段時，
依織圖鉤織釦繩。於指定位置接線，鉤織
56段短針，完成提把。將2條提把的最終
段♡對齊，以捲針縫縫合。
◆ 將鈕釦縫於指定位置。

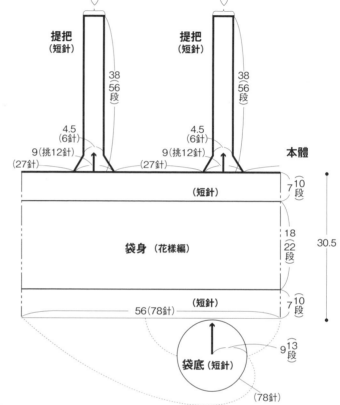

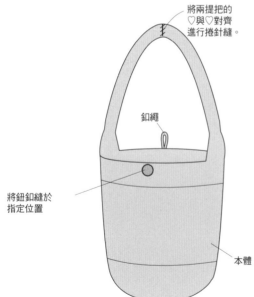

完成圖

將兩提把的
♡與♡對齊
進行捲針縫。

釦繩

將鈕釦縫於
指定位置

本體

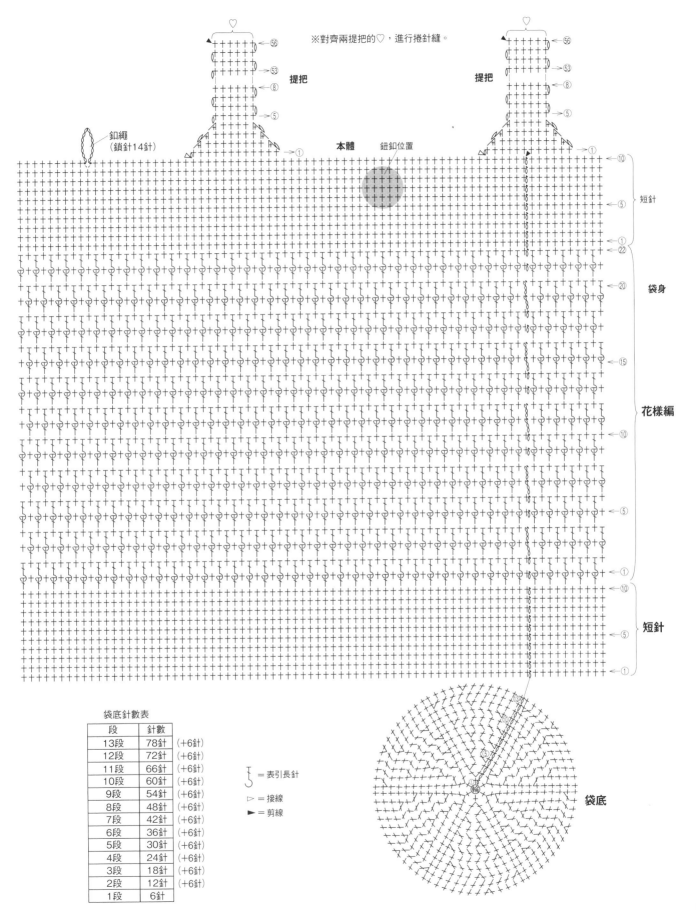

※對齊兩提把的♡，進行捲針縫。

提把

提把

釦繩
(鎖針14針)

本體　　鈕釦位置

短針

袋身

花樣編

短針

袋底針數表

段	針數	
13段	78針	(+6針)
12段	72針	(+6針)
11段	66針	(+6針)
10段	60針	(+6針)
9段	54針	(+6針)
8段	48針	(+6針)
7段	42針	(+6針)
6段	36針	(+6針)
5段	30針	(+6針)
4段	24針	(+6針)
3段	18針	(+6針)
2段	12針	(+6針)
1段	6針	

∫ ＝表引長針

▷＝接線

►＝剪線

袋底

m,n 水桶包

P.22

材料&工具 >
DARUMA 麻線 M原色（11）／N灰色（7）
160g（約114m）．M綠色（9）／N黃綠色
（5）115g（約82m）．M黑色（4）／原色
（11）45g（約32m）、8/0號鉤針

完成尺寸 >
寬28.5cm　高25cm（不含提把）

密度 >
10cm平方＝短針 12.5針×13段

鉤織要點 >
◆輪狀起針鉤織袋底，依織圖加針鉤織12段
　短針。接著不加減針進行32段短針的織入
　花樣（橫向渡線）。請依織圖換色鉤織。
◆提把為鎖針起針4針，鉤織82段短針。將
　提把縫於袋身指定處的外側。

本體

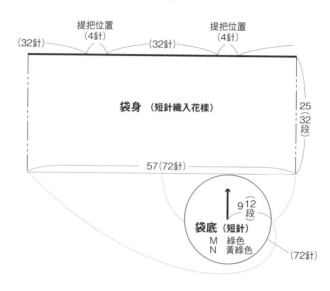

提把位置（4針）　（32針）　（32針）　提把位置（4針）

袋身 （短針織入花樣）

25（32段）

57（72針）

9〔12段〕

袋底（短針）
M　綠色
N　黃綠色

（72針）

提把 1條
M黑色　N原色
（短針）

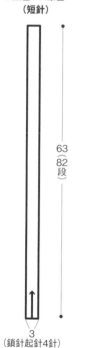

63（82段）

3
（鎖針起針4針）

**提把
短針**

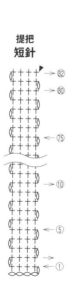

→82
→80
←75
←10
←5
←1

完成圖

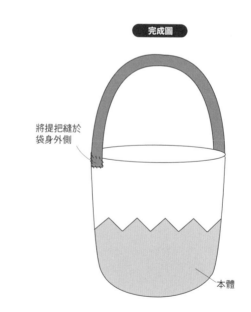

將提把縫於
袋身外側

本體

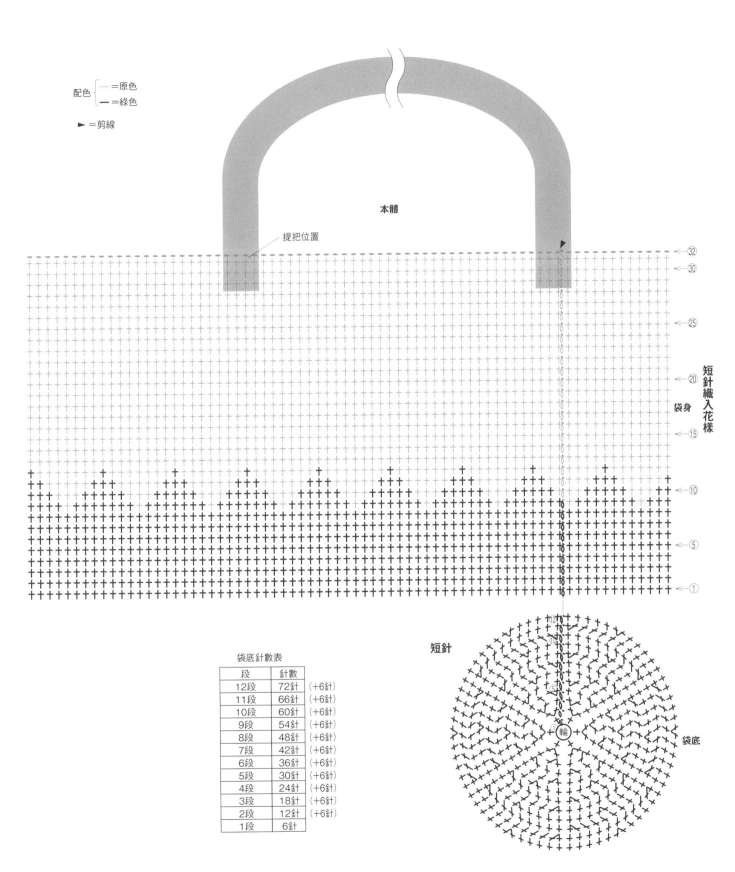

配色 { ─ =原色
       ━ =綠色

► =剪線

本體

提把位置

短針織入花樣

袋身

③②
③⓪
㉕
⑳
⑮
⑩
⑤
①

短針

袋底

輪

袋底針數表

段	針數	
12段	72針	(+6針)
11段	66針	(+6針)
10段	60針	(+6針)
9段	54針	(+6針)
8段	48針	(+6針)
7段	42針	(+6針)
6段	36針	(+6針)
5段	30針	(+6針)
4段	24針	(+6針)
3段	18針	(+6針)
2段	12針	(+6針)
1段	6針	

O,P 拉鍊波奇包

P.23

材料&工具 >

O：DARUMA 鴨川 #18 白色（101）30g・藍色（103）25g・綠色（107）5g、布26cm×26cm、30cm拉鍊1條、2號蕾絲鉤針

P：DARUMA 鴨川 #18 杏色（102）／鐵灰色（109）各30g、布26cm×26cm、30cm拉鍊1條、2號蕾絲鉤針

完成尺寸 >

寬24cm　高12cm

密度 >

10cm平方＝橫紋花樣編 30.5針×15段

鉤織要點 >

◆ 鎖針起針73針鉤織本體，依序鉤織2段短針、36段橫紋花樣編、2段短針。

◆ 參照內袋縫製方法製作內袋。

◆ 依完成圖組合各零件。

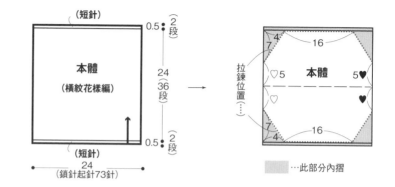

內袋縫製方法

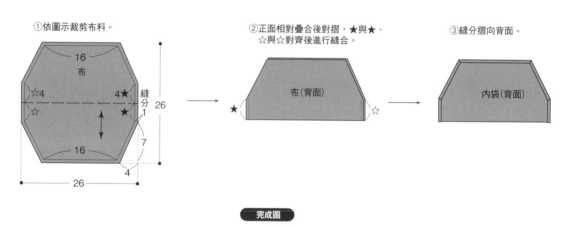

①依圖示裁剪布料。

②正面相對疊合後對摺，★與★、☆與☆對齊後進行縫合。

③縫分摺向背面。

完成圖

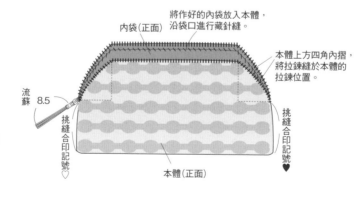

內袋（正面）

將作好的內袋放入本體，沿袋口進行藏針縫。

本體上方四角內摺，將拉鍊縫於本體的拉鍊位置。

流蘇　8.5

挑縫合印記號

挑縫合印記號

本體（正面）

※取20cm長的織線對摺，穿過拉鍊頭尾端的孔洞，打結後將尾端修剪整齊，完成流蘇。

流蘇 ｛ O…白色　P…鐵灰色

配色

O ⎰ ━ =綠色   P ⎰ ━ ‧ ━ =鐵灰色
　⎱ ━ =藍色　　　⎱ ━ =杏色
　　 =白色

本體

拉鍊位置

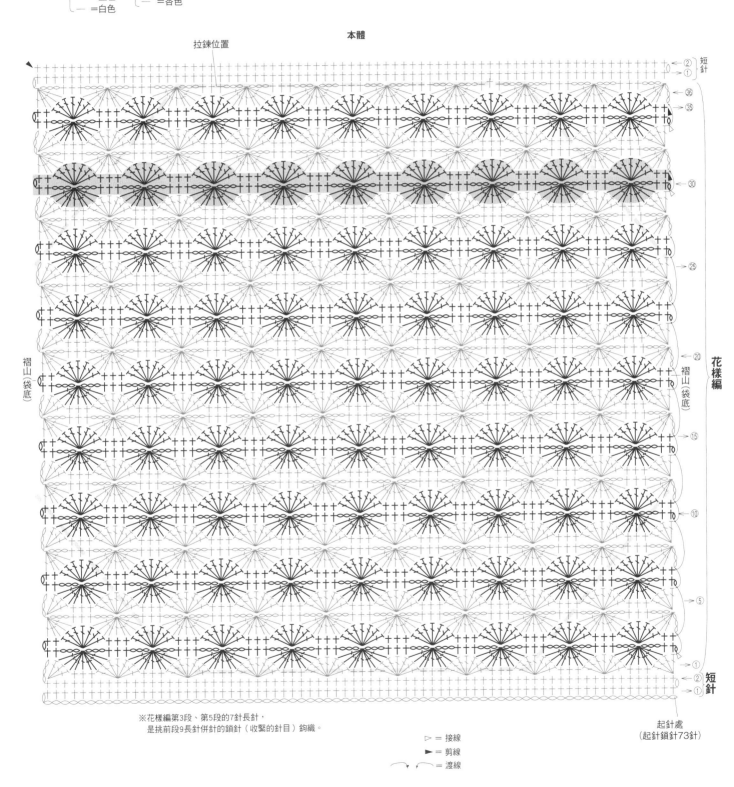

褶山（袋底）

褶山（袋底）

短針

花樣編

短針

※花樣編第3段、第5段的7針長針，
是挑前段9長針併針的鎖針（收緊的針目）鉤織。

起針處
（起針鎖針73針）

▷ = 接線
► = 剪線
⌒ = 渡線

Q 橫紋口金側背包

P.24-25

材料&工具 >

DARUMA Hemp String 焦茶色（10）75g（約125m）・藍色（9）55g（約92m）・芥末黃（3）35g（約59m）・杏色（2）／黃綠色（4）各25g（約42m）・原色（1）15g（約25m）、口金（INAZUMA・BK-2162 約21cm×10cm）、直徑15mm C圈2個、直徑6mm棉繩40cm、6/0號鉤針

完成尺寸 >

寬34cm　高約20cm（不含提把）

密度 >

10cm平方＝短針・橫紋短針 21.5針×25段

鉤織要點 >

◆ 鎖針起針48針鉤織袋底，依織圖加針鉤織9段短針。接著不加減針鉤織袋身，一邊改換色線一邊鉤織47段橫紋短針。

◆ 提把為輪狀起針，鉤織88段短針，接著在其中穿入棉繩。起針與收針兩端分別套入C圈，將1/5段反摺後縫合。

◆ 鎖針起針24針鉤織口袋，鉤織24段短針。

◆ 依完成圖將口袋縫在袋身內側；口金與袋口（★、☆）縫合。提把兩端的C圈與口金的吊環組裝結合。

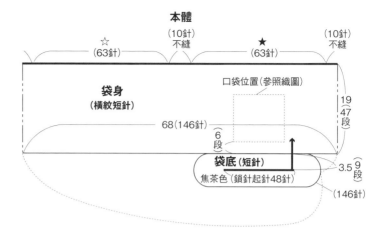

本體

袋身（橫紋短針）

口袋位置（參照織圖）

68（146針）

袋底（短針）
焦茶色（鎖針起針48針）

☆（63針）　（10針）不縫　★（63針）　（10針）不縫

19（47段）

6段　3.5（9段）　（146針）

完成圖

提把兩端的C圈與口金吊環組合。

口金吊環　　口金吊環

口袋口

（10針）不縫　　　（10針）不縫

本體

口袋開口以外的3邊，在避免影響正面狀態下，縫於袋身指定位置的內側。

將袋身袋口（★、☆部分）與口金縫合。（參照P.37）

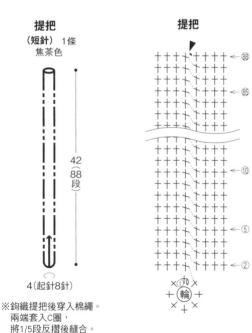

提把
（短針）1條
焦茶色

42（88段）

4（起針8針）

※鉤織提把後穿入棉繩。
兩端套入C圈，
將1/5段反摺後縫合。

提把

←88
←85
←10
←5
←2

輪

口袋
藍色 1片

（短針）

10（24段）

11（鎖針起針24針）

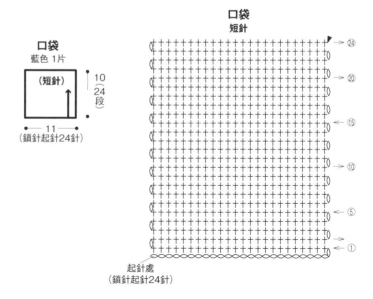

口袋
短針

→24
→20
←15
←10
←5
←①

起針處
（鎖針起針24針）

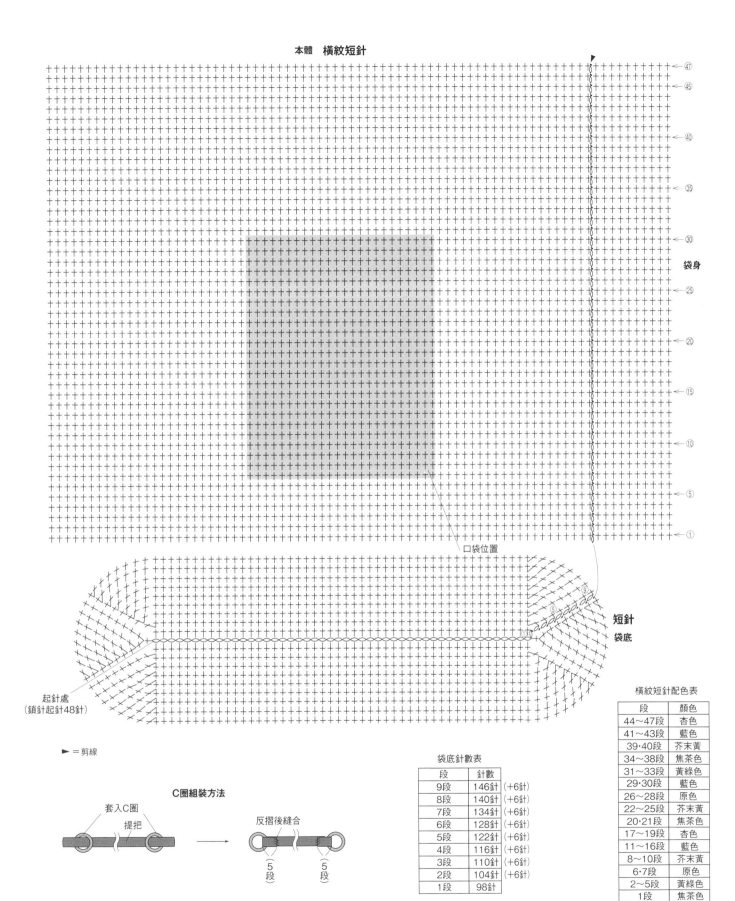

本體 橫紋短針

袋身

短針
袋底

口袋位置

起針處
（鎖針起針48針）

► ＝剪線

C圈組裝方法

套入C圈
提把

反摺後縫合
⑤段　⑤段

袋底針數表

段	針數	
9段	146針	（＋6針）
8段	140針	（＋6針）
7段	134針	（＋6針）
6段	128針	（＋6針）
5段	122針	（＋6針）
4段	116針	（＋6針）
3段	110針	（＋6針）
2段	104針	（＋6針）
1段	98針	

橫紋短針配色表

段	顏色
44～47段	杏色
41～43段	藍色
39·40段	芥末黃
34～38段	焦茶色
31～33段	黃綠色
29·30段	藍色
26～28段	原色
22～25段	芥末黃
20·21段	焦茶色
17～19段	杏色
11～16段	藍色
8～10段	芥末黃
6·7段	原色
2～5段	黃綠色
1段	焦茶色

R 刺繡波奇包

P.26

材料&工具 >

Hamanaka Eco Andaria 杏色（23）75g・綠色（17）／紅色（37）各3g・芥末黃（19）／淺藍綠（68）／藍色（72）／原色（168）各1g、拉鍊（28cm）1條、不織布少許、5/0號鉤針

完成尺寸 >

寬28.5cm　高13.5cm

密度 >

10cm平方＝短針 18針×20段

鉤織要點 >

◆ 鎖針起針33針鉤織袋底，依織圖加針鉤織6段短針。接續鉤織袋身，不加減針鉤織27段短針。
◆ 依完成圖於袋身指定位置刺繡。
◆ 將拉鍊縫於袋口即完成。

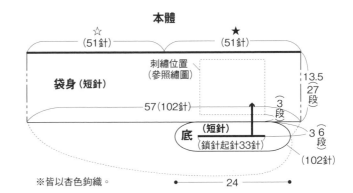

本體

☆ (51針)　★ (51針)

袋身（短針）

刺繡位置（參照繡圖）

57（102針）

底（短針）
（鎖針起針33針）

13.5（27段）

（3段）

3 6段

（102針）

24

※皆以杏色鉤織。

完成圖

將拉鍊縫於☆與★

本體

依下圖完成刺繡

刺繡圖案

※放大150%使用

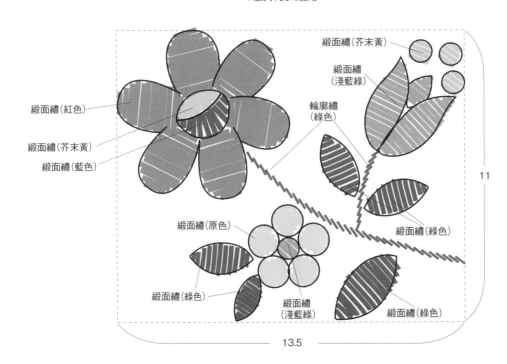

緞面繡（紅色）

緞面繡（芥末黃）

緞面繡（藍色）

緞面繡（芥末黃）

緞面繡（淺藍綠）

輪廓繡（綠色）

緞面繡（綠色）

緞面繡（原色）

緞面繡（綠色）

緞面繡（淺藍綠）

緞面繡（綠色）

11

13.5

緞面繡繡法

※依圖案剪下不織布，以白膠黏貼於織片，包裹般進行緞面繡。

本體　短針

刺繡位置

► ＝剪線

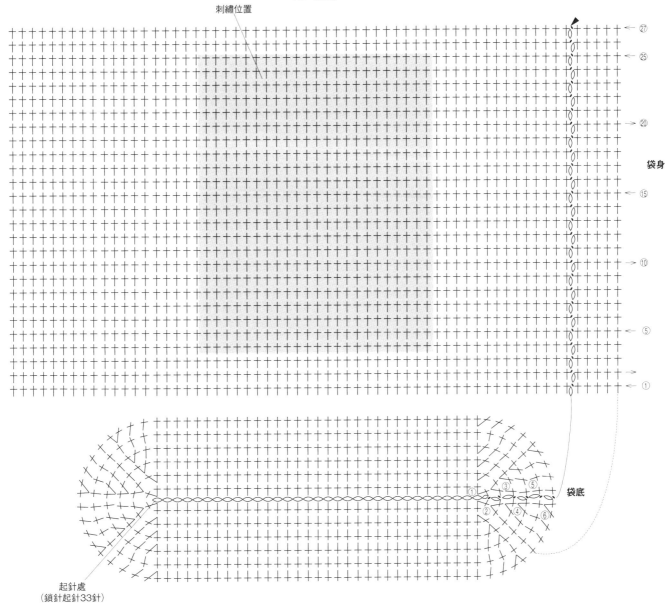

← ㉗
← ㉕
→ ⑳
袋身
← ⑮
← ⑩
← ⑤
→
← ①

袋底

起針處
（鎖針起針33針）

袋底針數表

段	針數	
6段	102針	(+8針)
5段	94針	
4段	94針	(+8針)
3段	86針	(+8針)
2段	78針	(+8針)
1段	70針	

∫ 圓形束口包

P.27

材料&工具 >
DARUMA SASAWASHI 灰紫色（7）100g、
Hemp String 杏色（2）60g（約101m）、直
徑4mm珠珠60顆、6/0號、5/0號鉤針

完成尺寸 >
寬30cm　高20cm（不含提把）

密度 >
10cm平方＝短針（6/0號鉤針）17針×18段
10cm平方＝花樣編（5/0號鉤針）17.5針×9段

鉤織要點 >
◆ 輪狀起針鉤織袋底，依織圖加針鉤織17段
短針。接續鉤織袋身，不加減針鉤織19段
短針，接著減2針，再鉤織8段花樣編。在
花樣編第1段短針筋編餘下的內側半針針
頭挑針，鉤織1段裝飾針。
◆ 提把為鎖針起針3針，鉤織65段短針。
◆ 束口繩為鎖針起針90針，再鉤1段引拔針。
◆ 束口繩墜飾為鎖針起針2針，沿鎖針鉤織一
圈進行輪編，共鉤織5段。收針處對摺疊合
進行捲針縫。兩面分別縫上15顆珠珠。
◆ 依完成圖組合各零件。

本體

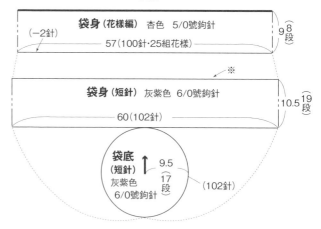

袋身（花樣編）杏色　5/0號鉤針
（−2針）
57（100針·25組花樣）
8段/9段

※

袋身（短針）灰紫色　6/0號鉤針
60（102針）
10.5/19段

袋底（短針）↑　9.5
灰紫色
6/0號鉤針
17段
（102針）

※完成本體後鉤織1段裝飾針。
　在花樣編第1段短針筋編餘下的
　內側半針針頭挑針，鉤織裝飾針。
　依織圖鉤織34組花樣。

完成圖

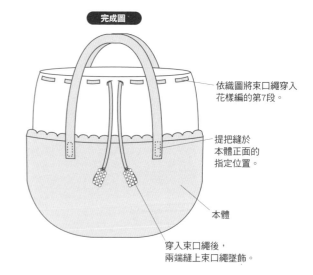

依織圖將束口繩穿入
花樣編的第7段。

提把縫於
本體正面的
指定位置。

本體

穿入束口繩後，
兩端縫上束口繩墜飾。

提把 2條
（短針）
灰紫色　6/0號鉤針

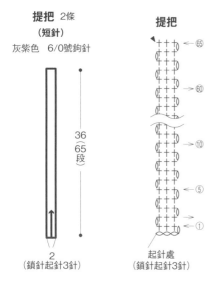

提把

⑤65
60
⑩
⑤
①

36（65段）

2
（鎖針起針3針）

起針處
（鎖針起針3針）

束口繩 1條
（雙重鎖針）
杏色　5/0號鉤針

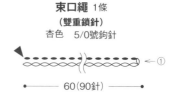

①
60（90針）

束口繩墜飾 2片
杏色　5/0號鉤針

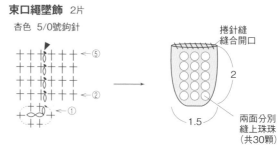

⑤
②
①

捲針縫
縫合開口

2

1.5

兩面分別
縫上珠珠
（共30顆）

裝飾針

※在花樣編第1段短針筋編餘下的內側半針針頭挑針，鉤織裝飾針（34組花樣）。

灰紫色
6/0號鉤針
★
花樣編

3針1組花樣

本體

後中心　　　　　　提把位置　　　　　　　前中心　　穿繩位置　　框內為1組花樣

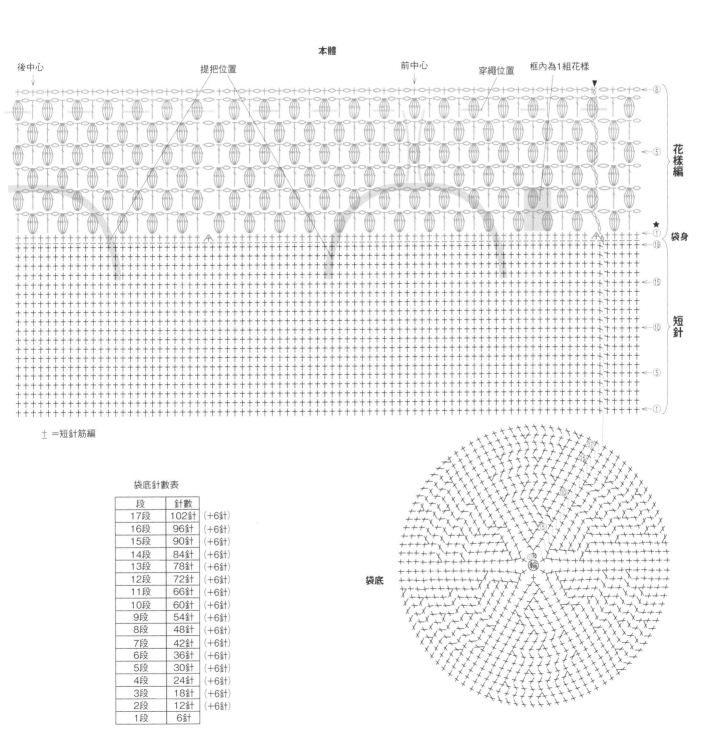

花樣編

袋身

短針

＋ ＝短針筋編

袋底針數表

段	針數	
17段	102針	(+6針)
16段	96針	(+6針)
15段	90針	(+6針)
14段	84針	(+6針)
13段	78針	(+6針)
12段	72針	(+6針)
11段	66針	(+6針)
10段	60針	(+6針)
9段	54針	(+6針)
8段	48針	(+6針)
7段	42針	(+6針)
6段	36針	(+6針)
5段	30針	(+6針)
4段	24針	(+6針)
3段	18針	(+6針)
2段	12針	(+6針)
1段	6針	

袋底

Ⅲ 活動口袋包

P.31

材料&工具 >
Hamanaka Flax K 灰紫色（15）40g、提把（INAZUMA・BS-2226A・#4杏色22cm、含D形環與活動鉤）1條、磁釦1組、5/0號鉤針

完成尺寸 >
寬15cm　高10.5cm（不含提把）

密度 >
10cm平方＝花樣編 21.5針×13段

鉤織要點 >
◆ 鎖針起針64針鉤織本體，頭尾連接成環，鉤織14段花樣編。
◆ 袋口釦帶為鎖針起針7針，鉤織14段短針。
◆ D形環吊耳為鎖針起針2針，鉤織6段短針。
◆ 依完成圖組合各零件。

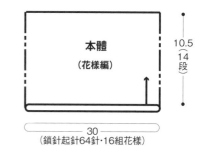

本體
（花樣編）

10.5
（14段）

30
（鎖針起針64針・16組花樣）

完成圖

袋口釦帶
1片

磁釦位置（凸面）

6.5

起針處
（鎖針起針7針）　4.5

D形環吊耳
2片

起針處
（鎖針起針2針）　1

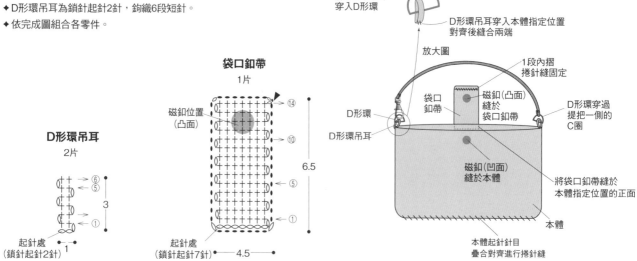

將D形環吊耳穿入D形環

D形環吊耳穿入本體指定位置對齊後縫合兩端

放大圖

1段內摺捲針縫固定

D形環

D形環吊耳

袋口釦帶

磁釦（凸面）縫於袋口釦帶

D形環穿過提把一側的C圈

磁釦（凹面）縫於本體

將袋口釦帶縫於本體指定位置的正面

本體

本體起針縫目疊合對齊進行捲針縫

本體　花樣編

袋口釦帶位置

D形環吊耳穿入位置

磁釦位置（凹面）

D形環吊耳穿入位置

► ＝剪線

1組花樣

起針處
（鎖針起針64針）

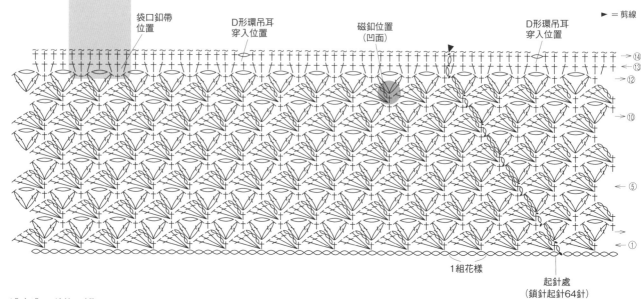

平織毯幾何圖案手拿包

P.28

材料&工具 >

DARUMA Wool Jute 杏色（1）90g（約79m）．灰色（2）30g
（約26m）．水藍色（3）／深藍色（4）各20g（約18m）、拉鍊
（30cm）1條、直徑7mm C圈1個、長16mm龍蝦釦1個、8/0鉤針

完成尺寸 >

寬30cm　高21cm

密度 >

10cm平方＝短針筋編的織入花樣 13針×13段

鉤織要點 >

◆ 鎖針起針29針鉤織袋底，依織圖加針鉤織3段短針。接續鉤織袋
　身，不加減針鉤織28段短針筋編的織入花樣，最終段鉤引拔針。

◆ 將拉鍊縫於袋口。

◆ 依圖示製作穗飾。打開C圈穿入龍蝦釦與穗飾頂端，再鉤於連著穗
　飾的龍蝦釦鉤入拉鍊頭的孔洞。

穗飾作法

① 以灰色線在厚紙上捲繞12次。
　其中一側穿線綁緊。

② 以線綁緊上端約1.5cm處，
　將末端修剪整齊。

穿線後打結

厚紙

9

繞線12次

以線綁緊

8.5

修剪整齊

龍蝦釦

C圈

※打開C圈，穿入
龍蝦釦與穗飾頂端。

穗飾

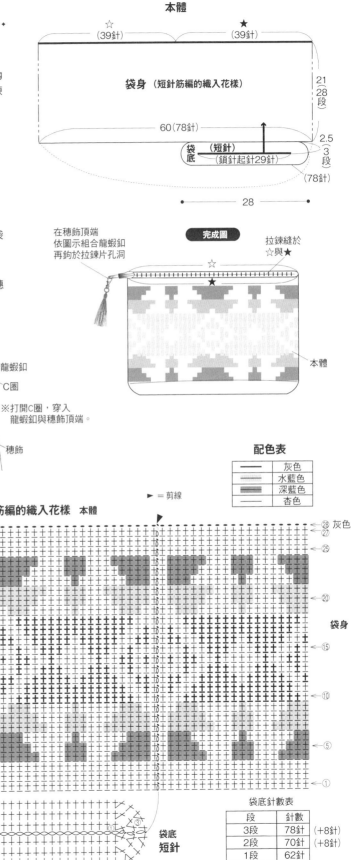

本體

袋身（短針筋編的織入花樣）

☆（39針）　★（39針）

60(78針)

袋底（短針）（鎖針起針29針）

(78針)

21
28
(28
段)

2.5
(3
段)

28

完成圖

在穗飾頂端
依圖示組合龍蝦釦
再鉤於拉鍊片孔洞

拉鍊縫於
☆與★

本體

配色表

——	灰色
	水藍色
	深藍色
—	杏色

► ＝剪線

短針筋編的織入花樣　本體

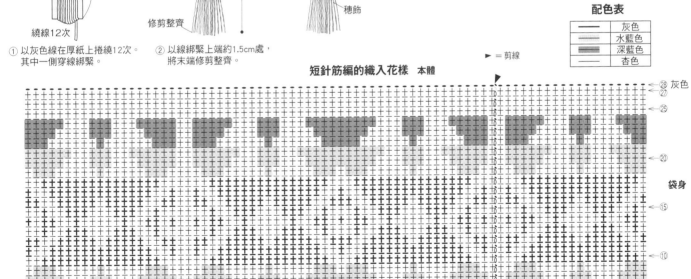

袋身

⊰28 灰色
27
25
20
15
10
5
1

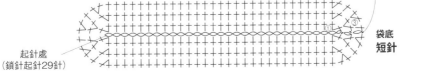

起針處
（鎖針起針29針）

袋底
短針

袋底針數表

段	針數	
3段	78針	（+8針）
2段	70針	（+8針）
1段	62針	

U 竹節手提包

P.29

材料&工具 >

Hamanaka Eco Andaria 銀色（174）140g、
鉤織專用芯線（黑色H204-635-2）19.5m、
外徑13.5cm竹提把1組、6/0鉤針

完成尺寸 >

寬42.5cm　高23cm（不含提把）

密度 >

10cm平方＝短針 19針×10.5段

鉤織要點 >

◆ 鎖針起針35針鉤織本體，以不鉤立起針的
方式，一邊包入芯線一邊鉤織30段短針
（包芯鉤織）。鉤至收針前6針的位置時，
預留約3cm的芯線剪斷。鬆開芯線後，斜
向修剪芯線，再包芯鉤織至看不到芯線。
起針處的芯線預留2cm，剪斷後塗上白膠
避免鬆開（參照P.38至P.39）。

◆ 提把以捲針縫縫於本體外側。

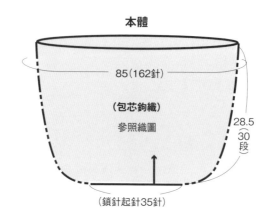

本體

85（162針）

（包芯鉤織）
參照織圖

28.5
（30
段）

（鎖針起針35針）

完成圖

提把以捲針縫
縫於本體外側

本體

本體針數表

段	針數	
28～30段	162針	
27段	162針	(+4針)
26段	158針	
25段	158針	
24段	158針	(+4針)
23段	154針	
22段	154針	
21段	154針	(+4針)
20段	150針	
19段	150針	
18段	150針	(+4針)
17段	146針	
16段	146針	
15段	146針	(+4針)
7～14段	142針	
6段	142針	(+12針)
5段	130針	(+12針)
4段	118針	(+12針)
3段	106針	(+12針)
2段	94針	(+12針)
1段	82針	

尺寸基準表

A	B	C
30.5	42.5	12
30	41.5	11.5
29.5	40.5	11
29	39.5	10.5
28.5	38.5	10
28	37.5	9.5
26.5	34	7.5
25	31	6
23.5	28	4.5
22	25	3
20	21.5	1.5

※記載尺寸為調整形狀時的大致基準。

本體 包芯鉤織

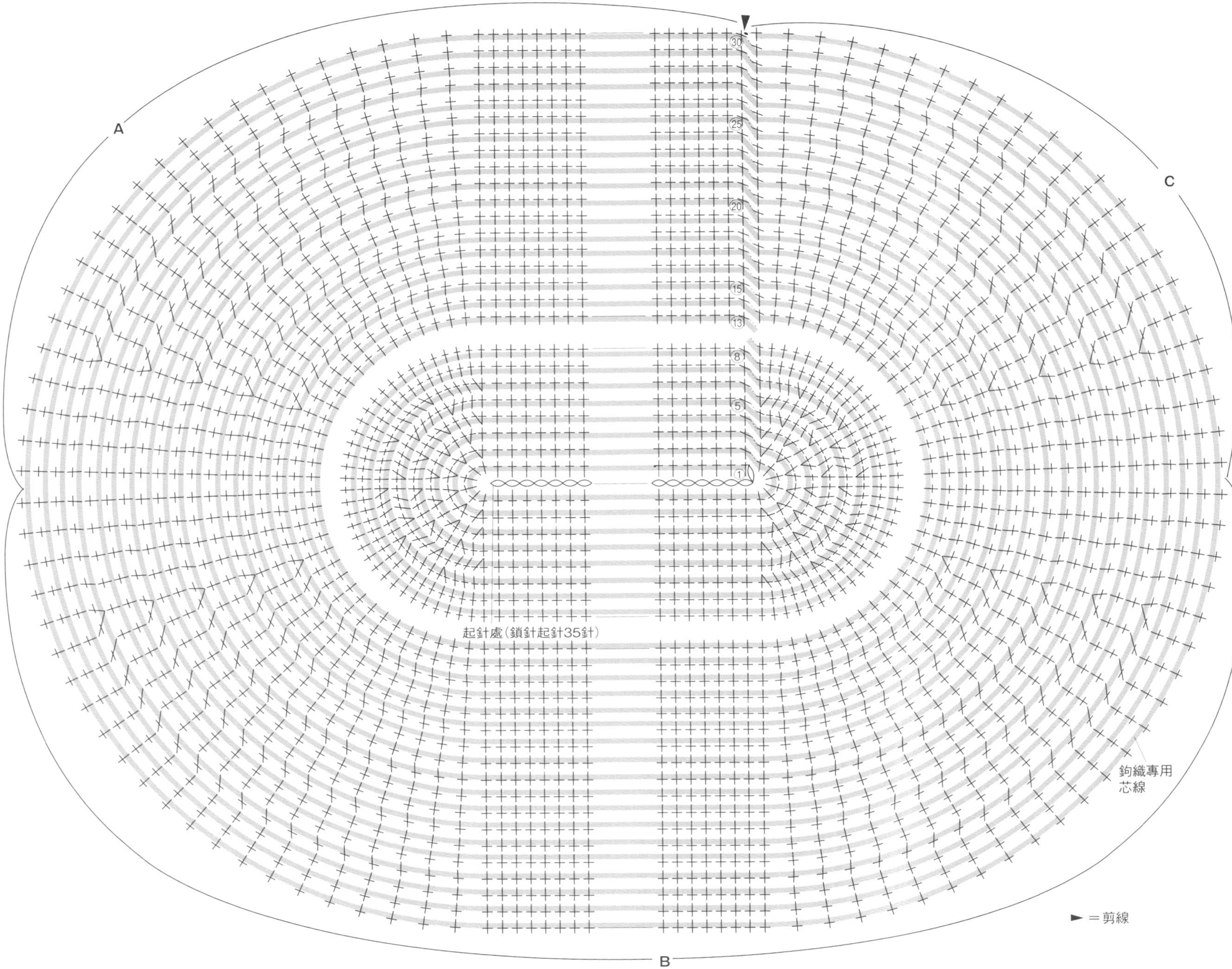

鉤織專用
心線

= 剪線

起針處（鎖針起針35針）

79

V 圓筒包

P.30

材料&工具 >

Hamanaka Comacoma 深藍色（11）130g・
原色（1）／灰色（13）各40g・黃色（3）
20g、提把（INAZUMA・BM-4531・#4杏
色）1組、拉鍊（25cm）1條、7/0號鉤針

完成尺寸 >

寬24cm　高13cm

密度 >

10cm平方＝短針 15針×15.5段
10cm平方＝條紋花樣編 17.5針×16段

鉤織要點 >

◆ 輪狀起針鉤織側身，依織圖加針鉤織10段
　短針。
◆ 鎖針起針66針鉤織本體，依織圖鉤織39段
　條紋花樣編。接著分別在左右兩側鉤織2段
　緣編。
◆ 側身與本體的♡、♥分別背面相對疊合，
　鉤織1段短針接合。
◆ 將拉鍊縫於本體的★、☆部分。
◆ 將提把縫於本體指定位置的正面。

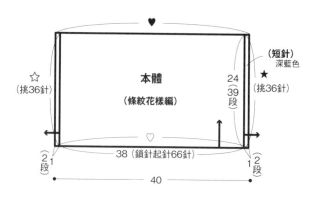

本體
（條紋花樣編）

（短針）
深藍色

☆
（挑36針）

★
（挑36針）

24
39
段

38（鎖針起針66針）

2段 1

1 2段

40

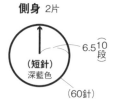

側身 2片

（短針）
深藍色

6.5 10段

（60針）

完成圖

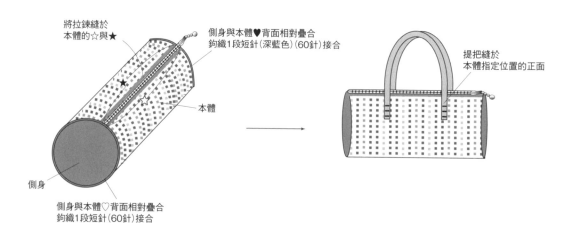

將拉鍊縫於
本體的☆與★

側身與本體♥背面相對疊合
鉤織1段短針(深藍色)(60針)接合

本體

側身

側身與本體♡背面相對疊合
鉤織1段短針(60針)接合

提把縫於
本體指定位置的正面

配色

——	黃色
——	原色
——	灰色
——	深藍色

本體 條紋花樣編

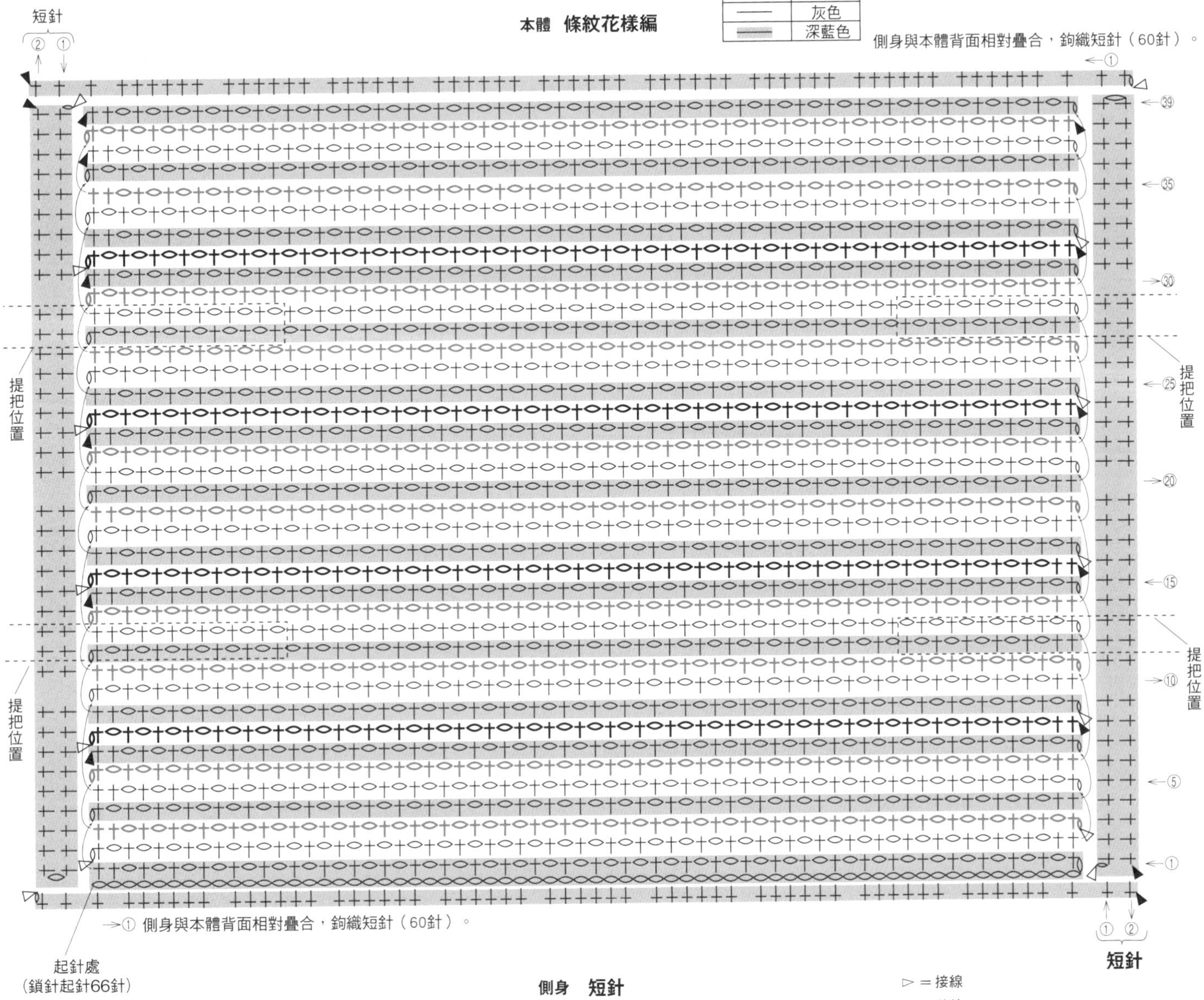

側身與本體背面相對疊合，鉤織短針（60針）。

短針 ② ①

提把位置

提把位置

提把位置

提把位置

→① 側身與本體背面相對疊合，鉤織短針（60針）。

起針處（鎖針起針66針）

① ② 短針

側身 短針

▷ ＝接線
► ＝剪線
⌒ ＝渡線

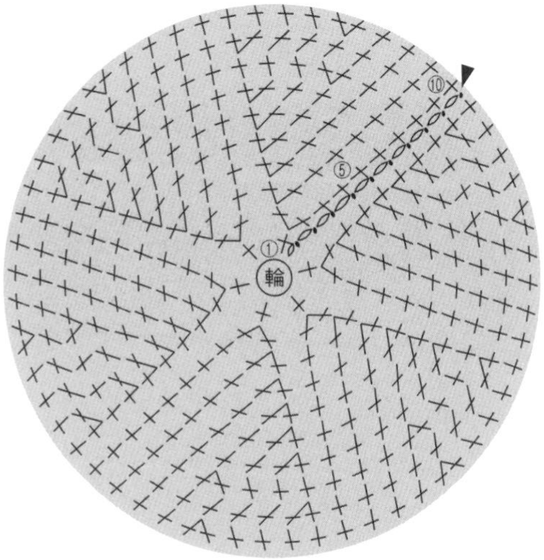

側身針數表

段	針數	
10段	60針	（+6針）
9段	54針	（+6針）
8段	48針	（+6針）
7段	42針	（+6針）
6段	36針	（+6針）
5段	30針	（+6針）
4段	24針	（+6針）
3段	18針	（+6針）
2段	12針	（+6針）
1段	6針	

81

貼身水筒包

P.32-33

材料&工具 >

Hamanaka Comacoma 原色（1）220g·紅色（7）120g、APRICO 原色（1）60g·紅色（6）20g、背帶調節用日形環（寬4.5cm）1個、方形環1個、束口繩釦1個、直徑7mm圓繩95cm、8/0號鉤針

完成尺寸 >

寬30cm　高33cm（不含提把）

密度 >

10cm平方＝花樣編（Comacoma與APRIC各一的雙線鉤織）12針×13.5段

10cm平方＝短針（Comacoma 1條線）13針×13.5段

鉤織要點 >

◆ 輪狀起針鉤織袋底，依織圖加針鉤織12段短針。接續鉤織袋身，不加減針鉤織7段短針，之後一邊改換色線，一邊鉤織37段橫紋花樣編。在袋底與袋身之間的指定位置，挑5針鉤織4段短針，完成方形環的吊耳。沿袋底與袋身之間的指定位置，鉤織1段引拔針。

◆ 鎖針起針110針，依織圖鉤織背帶。

◆ 依完成圖組合各零件。

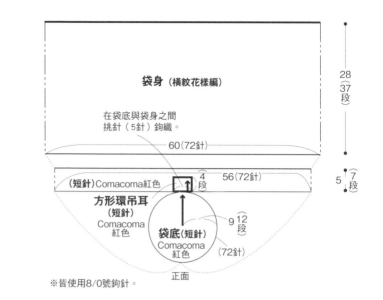

袋身（橫紋花樣編）

在袋底與袋身之間挑針（5針）鉤織。

60（72針）

28（37段）

（短針）Comacoma紅色　56（72針）　4段

方形環吊耳（短針）Comacoma紅色

袋底（短針）Comacoma紅色

9 12段

（72針）

5 7段

正面

※皆使用8/0號鉤針。

背帶

取Comacoma（原色）與APRICO（原色）各一的雙線鉤織　1條

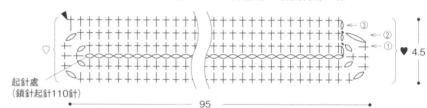

起針處（鎖針起針110針）

95

♥ 4.5

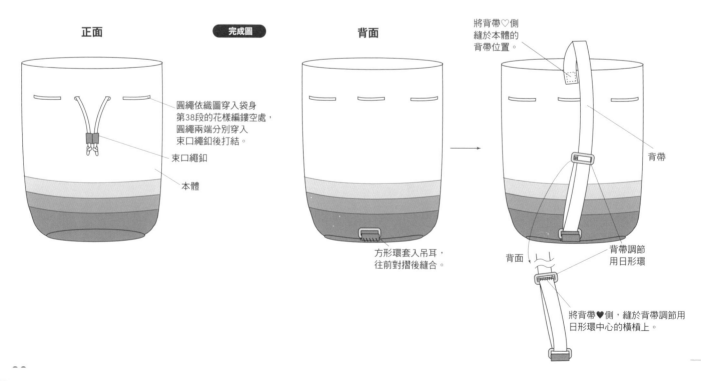

正面　　**完成圖**

圓繩依織圖穿入袋身第38段的花樣編鏤空處，圓繩兩端分別穿入束口繩釦後打結。

束口繩釦

本體

背面

方形環套入吊耳，往前對摺後縫合。

將背帶♡側縫於本體的背帶位置。

背帶

背帶調節用日形環

背面

將背帶♥側，縫於背帶調節用日形環中心的橫槓上。

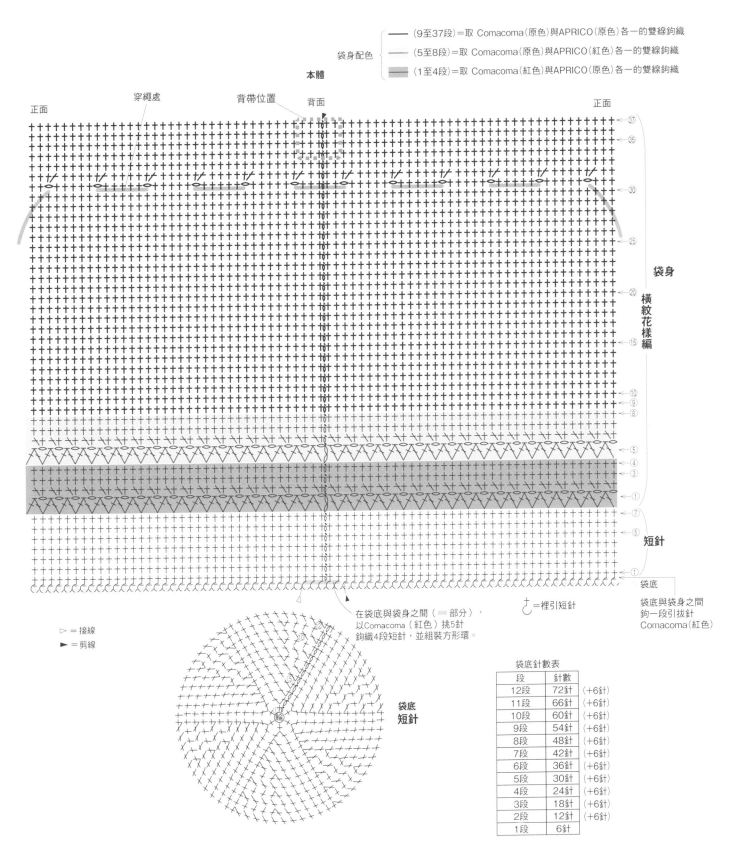

本體

袋身配色
- ── (9至37段)=取 Comacoma(原色)與APRICO(原色)各一的雙線鉤織
- ── (5至8段)=取 Comacoma(原色)與APRICO(紅色)各一的雙線鉤織
- ▓▓ (1至4段)=取 Comacoma(紅色)與APRICO(原色)各一的雙線鉤織

正面　　　穿繩處　　　背帶位置　　背面　　　　　　　　　　　　正面

袋身 橫紋花樣編

短針

袋底

袋底與袋身之間
鉤一段引拔針
Comacoma(紅色)

▷ =接線
► =剪線

在袋底與袋身之間(▬部分)，
以Comacoma(紅色)挑5針
鉤織4段短針，並組裝方形環。

t =裡引短針

袋底
短針

袋底針數表

段	針數	
12段	72針	(+6針)
11段	66針	(+6針)
10段	60針	(+6針)
9段	54針	(+6針)
8段	48針	(+6針)
7段	42針	(+6針)
6段	36針	(+6針)
5段	30針	(+6針)
4段	24針	(+6針)
3段	18針	(+6針)
2段	12針	(+6針)
1段	6針	

鉤針編織基礎

◆ ◆ ◆
Basic Technique Guide

 輪狀起針

1

線頭於左手食指上繞線兩圈。

2

取下線圈,以左手拇指和中指捏住線圈交叉點固定,鉤針穿入線圈,掛線鉤出。

3

鉤針再次掛線鉤出。

4

完成輪狀起針(此針目不算作1針)。

5
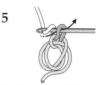
鉤織第1段立起針的鎖針。

6

鉤針穿入起針線圈內,依箭頭指示鉤出織線。

7
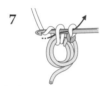
鉤針掛線引拔,鉤織短針。

8

完成1針短針。依相同要領鉤織必要針數。

9

完成第1段6針短針的模樣。

10

完成第1段後,收緊中心的線圈。稍微拉動線頭,找出2條線中連動的那條。

11

拉動線段,收緊距離線頭較遠的線圈(靠近線頭的線圈尚未收緊)。

12

拉動線頭,收束靠近線頭的線圈。

13

第1段的鉤織終點,挑第1針短針針頭的2條線。

14

鉤針掛線引拔。

15

完成第1段。

◯ 鎖針

1

手指掛線約10cm,鉤針置於織線後方,依箭頭方向旋轉一圈,作出1線圈。

2

以拇指與中指固定線圈交叉點,鉤針依箭頭指示掛線。

3

依箭頭指示由線圈中鉤出織線。

4

下拉線頭收緊線圈。此即邊端針目,不算作1針。

5

鉤針置於織線內側,依箭頭指示掛線。

6

鉤針掛線後,從掛在針上的線圈中鉤出織線。

7

掛於鉤針線圈之下的,即是完成的1針鎖針。鉤針再次掛線鉤出,以相同要領繼續鉤織。

8
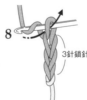
完成3針鎖針的模樣。

◗ 引拔針

輔助性針法,接合針目時也會使用。

鉤針掛線直接鉤出。

鎖針的挑針法

挑鎖針裡山

1

保持鎖狀外形,完成品漂亮的挑針法。

挑鎖針半針&裡山

2

挑針容易,針目穩定扎實的挑針法。

十 短針

「立起針」為1針鎖針，由於針目太小，不算作1針。

1 鉤織立起針的1針鎖針，挑起針目的邊端鎖針。

2 鉤針掛線，依箭頭指示鉤出織線。此狀態稱為「未完成的短針」。

3 鉤針掛線，一次引拔鉤針上的2個線圈。

4 完成1針短針。

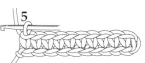

5 以相同要領繼續鉤織。完成10針短針的模樣。

下 長針

「立起針」為3針鎖針，立起針算作1針。

1 鉤織立起針的3針鎖針，鉤針先掛線。

2 立起針算作1針，因此要挑起針目邊端的倒數第2針。

3 鉤針掛線，鉤出相當於2針鎖針高度的織線。

4 鉤針掛線，依前箭頭指示引拔前2個線圈。

5 此狀態稱為「未完成的長針」。鉤針再次掛線，引拔剩下的2個線圈。

6 完成1針長針。立起針算作1針，如此已完成2針。

7 以相同要領繼續鉤織。

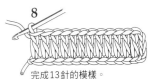

8 完成13針的模樣。

下 中長針

高度介於短針與長針之間的針目。「立起針」為2針鎖針，立起針算作1針。

1 鉤織立起針的2針鎖針，鉤針先掛線，挑起針目邊端的倒數第2針。

2 鉤針掛線，鉤出相當於2鎖針高度的織線。

3 此狀態稱為「未完成的中長針」。鉤針掛線，一次引拔鉤針上的3個線圈。

4 完成1針中長針。立起針算作1針，如此已完成2針。

土 短針筋編

僅挑前段鎖狀針頭的半針鉤織，讓另外半針浮凸於織片的鉤織針目。

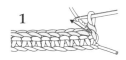

1 第1段鉤織一般的短針，第2段（看著織片背面鉤織）挑前段鎖狀針頭的內側半針，鉤織短針。

2 鉤織第3段（看著織片正面鉤織），挑前段鎖狀針頭的外側半針，鉤織短針。

3 鉤織第3段（看著織片正面鉤織），挑前段鎖狀針頭的外側半針，鉤織短針。

4 完成第4段立起針的模樣。繼續鉤織留下半個針頭於織片正面的筋編。

5 ※輪編鉤織時 始終看著織片正面鉤織，皆挑前段鎖狀針頭的外側半針鉤織短針。

表引長針

1 鉤針掛線，針目記號的彎鉤（ ʅ）處，都是如圖示由正面橫向穿過整個針目針腳。

2 鉤針如圖示鉤出長長的織線，接著再次掛線，一次引拔掛在針上的2個線圈（長針）。

3 再次引拔，完成表引長針。

裡引短針

1 鉤針掛線，針目記號的彎鉤（ ح）處，都是如圖示由背面橫向穿過整個針目針腳。

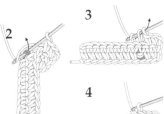

2 鉤針掛線，鉤出較長的織線。

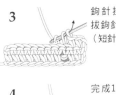

3 鉤針掛線，一次引拔鉤針上的2個線圈（短針）。

4 完成1針裡引短針。由織片正面看為表引短針。跳過1針，繼續在前段挑針鉤織下一針。

鉤針編織基礎
◆ ◆ ◆
Basic Technique Guide

∨ 短針加針（挑針鉤織）

1

鉤織1針短針，鉤針穿入同一個針目，鉤織另1針短針。

⊻ 2長針加針（挑針鉤織）

1

鉤織1針長針，鉤針掛線後穿入同一個位置。

2

再鉤織1針長針。

3

完成2針長針加針。針目記號針腳相連時，皆挑同一個針目鉤織。

⊤⊤ 2長針加針（挑束鉤織）

1

鉤針穿入前段鎖針下方的空隙，挑束鉤織長針。鉤針再次穿入同一個位置，挑束鉤織另1針長針。

2

完成2針長針加針。針目記號針腳分離時，皆於前段挑束鉤織。

⋏ 2短針併針

1

挑針後掛線鉤出，下一針以相同方式挑針後掛線鉤出（2針未完成的短針）。鉤針再次掛線，一次引拔鉤針上的3個線圈。

2

完成2短針併針。

⋀ 3長針併針

1

鉤織3針未完成的長針（參照P.85-5），鉤針掛線，依箭頭指示一次引拔鉤針上的所有線圈。

2

完成。鉤織下一針時可以穩定針目。

※挑束鉤織時

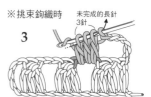

3

挑束前段的鎖針，鉤織3針未完成的長針，一次引拔鉤針上的所有線圈。

⚬ 3長針的玉針（挑束鉤織）

1

針目記號針腳分離時，皆於前段挑束鉤織。

2

鉤織未完成的長針（P.85-5），於同一個位置再鉤織2針未完成的長針。

3

鉤織3針未完成的長針後鉤針掛線，一次引拔掛鉤針上的所有線圈。

⚲ 3鎖針的引拔結粒針（於長針上鉤織）

1

鉤織3針鎖針，依箭頭指示，挑結粒針底部的長針針頭半針與針腳的1條線。

2

鉤針掛線，依箭頭指示引拔。

3

完成結粒針。

⚭ 3中長針的玉針（挑束鉤織）

1

針目記號針腳分離時，皆於前段挑束鉤織。

2

鉤針掛線鉤出，鉤織未完成的中長針（P.85-3），重複上述步驟2次，鉤織3針未完成的中長針。

3

鉤針掛線，一次引拔掛在針上的7個線圈。

⚮ 織入3長針花樣（於短針的相同針目鉤織）

1

挑前段針目鉤織1針短針，接著鉤織3針鎖針。

2

鉤針掛線，穿入步驟1鉤織短針的同一個位置。

3

鉤針掛線，鉤出織線。

4

鉤針掛線，分別引拔2個線圈，共引拔2次（長針）。

5

鉤針掛線，於同一個位置鉤織其餘2針長針。

6

鉤織3針長針後略過前段的3個針目鉤織短針。

7

以相同要領繼續鉤織。

8

完成2個織入花樣。

✄ 1針長針交叉

第1段

1
鉤針掛線，挑前段（此為起針針目）針目，鉤織長針。

2
鉤針掛線，挑前一個針目鉤織。

3
如同包覆步驟**1**織好的針目般，鉤出織線。

4
鉤針掛線，引拔2個線圈。

5
鉤針再次掛線，引拔最後2個線圈（長針）。

6
完成1針長針交叉。繼續鉤織。

7
鉤織交叉針時，皆挑前段的前一個針目，包覆鉤織前一個長針般鉤織長針。無論交叉針數，基本要領都相同。

第2段

8
如同第1段鉤織長針後鉤針掛線，挑前一個針目。

9
包覆鉤織前一個長針般，鉤織長針。

10
正面與背面在鉤織方法上並無區別，因背面段也以相同的方式鉤織，因此每一段的交叉方向會相反。

短針的織入花樣（橫向渡線）

第1段

1
即將換色的前一針最後引拔時，換上配色線。

2
一次穿過底線與配色線的線頭，鉤針掛線，鉤出織線。

3
一邊包覆底線與配色線頭，一邊以配色線鉤織短針。

4
配色線最後引拔時換線。

5
一邊包覆配色線，一邊以底線鉤織短針。

6
以相同要領一邊換線，一邊鉤織針目。

第2段

7
配色線由背面渡線，一邊包覆，一邊以底線鉤織短針。

8
底線最後引拔時換上配色線。

9
以相同要領一邊換線，一邊鉤織，鉤織下一段立起針後將織片翻回正面。包覆鉤織的配色線也跟著繞向織片背面側。

第3段

10
配色線由背面渡線，以底線包覆鉤織。

11
奇數段由內往外；偶數段由外往內側掛線，讓暫休針的線頭位於背面。

12
鉤織下一段立起針後將織片翻面。

長針的織入花樣（縱向渡線）鉤織短針時也以相同要領縱向渡線。

第1段

1
以A色線鉤織，即將換色的前一針最後引拔時，鉤針先掛A色線，再換成B色線（由內往外掛線，讓暫休針的A色線線頭位於背面）。

2
A色線不包覆，拉向外側（背面）暫休針，一邊以B色線包覆線頭，一邊鉤織針目。

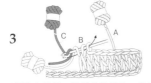

3
即將換色的前一針最後引拔時，鉤針先掛B色線，再換成C色線（暫休針的B色線由內往外掛線）。

4
B色線拉向外側暫休針，一邊以C色線包覆線頭，一邊鉤織針目。以相同要領繼續鉤織。

第2段

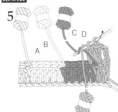

5
以D色線鉤織，即將換色的前一針最後引拔時，鉤針先掛D色線，再換成C色線（由外往內掛線，讓暫休針的D色線的線頭位於背面）。

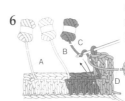

6
暫休針的D色線不包覆，置於內側（背面），以C色線鉤織。

第3段

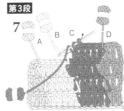

7
於織片背面改換不同色線時，由外往內掛暫休針的線，讓線球位於內側（背面）。

國家圖書館出版品預行編目資料

自然好氣質：麻&天然素材手織包 / 日本VOGUE社編著；
林麗秀譯. -- 初版. -- 新北市：雅書堂文化, 2020.07
　　面；　　公分. -- (愛鈎織；68)
ISBN 978-986-302-548-1(平裝)

1.編織 2.手提袋 3.手工藝

426.4　　　　　　　　　　　　　109008824

【Knit・愛鈎織】68

自然好氣質
麻&天然素材手織包

作　　者／日本VOGUE社 編著
譯　　者／林麗秀
發 行 人／詹慶和
選 書 人／蔡麗玲
執行編輯／蔡毓玲
特約編輯／莊雅雯
編　　輯／劉蕙寧・黃璟安・陳姿伶・陳昕儀
執行美編／陳麗娜
美術編輯／周盈汝・韓欣恬
出 版 者／雅書堂文化事業有限公司
發 行 者／雅書堂文化事業有限公司
郵撥帳號／18225950
戶　　名／雅書堂文化事業有限公司
地　　址／新北市板橋區板新路206號3樓
電　　話／（02）8952-4078
傳　　真／（02）8952-4084
網　　址／www.elegantbooks.com.tw
電子郵件／elegantbooks@msa.hinet.net

2020年07月初版一刷　定價380元

ASAHIMO TO TENNEN SOZAI DE AMU KAGO BAG (NV70412)
Copyright © NIHON VOGUE-SHA 2017
All rights reserved.
Photographer: Yukari Shirai
Original Japanese edition published in Japan by NIHON VOGUE Corp.
Traditional Chinese translation rights arranged with NIHON VOGUE Corp.
through Keio Cultural Enterprise Co., Ltd.
Traditional Chinese edition copyright © 2020
by Elegant Books Cultural Enterprise Co., Ltd.

經銷／易可數位行銷股份有限公司
地址／新北市新店區寶橋路235巷6弄3號5樓
電話／（02）8911-0825
傳真／（02）8911-0801

作品設計製作

青木惠理子
いとうみなこ
おのゆうこ(ucono)
越膳夕香
サイチカ
すぎやまとも
釣谷京子(buono buono)
野口智子
Ronique(ロニーク)
渡部まみ(short finger)

日本版 Staff

書籍設計 > 望月昭秀＋境田真奈美
　　　　　（Nilson Design事務所）
攝　　影 > 白井由香里
視覺呈現 > 奧田佳奈
髮　　妝 > 山崎由里子
模 特 兒 > Hanna
作法・製圖 > 中村洋子
編　　輯 > 中田早苗
編輯協力 > 曾我圭子　鈴木博子
主　　編 > 谷山亜紀子

素材協力

KOKUYO株式会社 > 大阪府大阪市東成区大今里南6丁目1番1号
http://www.kokuyo-st.co.jp/stationery/asahimo/

Hamanaka株式会社 > 京都府京都市右京区花園薮ノ下町2番地の3
http://www.hamanaka.co.jp/

横田株式会社（DARUMA）> 大阪府大阪市中央区南久宝寺2丁目5番14号
http://www.daruma-ito.co.jp/

植村株式会社（INAZUMA）> 京都府京都市上京区上長者町通黒門東入杉
本町459番地
http://www.inazuma.biz/

株式会社角田商店 > 東京都台東区鳥越2-14-10
http://www.towanny.com/shop/

攝影協力

Can Customer Center
封面：純棉洋裝、長褲　前摺口：露指涼鞋　P.9：罩衫　P.14：連身吊帶褲
P.16：長褲　P.28：純棉洋裝、長褲／以上皆為Samansa Mos2
前摺口：長袖洋裝　P.16：罩衫　P.25：裙子／以上皆為TSUHARU by Samansa Mos2

marble SUD惠比寿本店
封面：T恤　P.19：洋裝　P.21：洋裝　P.28：T恤／P.32、P.33：連身吊帶褲

Override 明治通り店
P.3、P.12、P.18：帽子

POU DOU DOU
P.4：黃色長洋裝外套、涼鞋　P.12：套頭襯衫、傘裙　P.18：連身裙　P.25：套頭針織衫
P.32、P.33：罩衫）

Basket Bags with Natural fiber

Basket Bags with Natural fiber

Basket Bags with Natural fiber

 Basket Bags with Natural fiber